Das Ich und die Abwehrmechanismen

精神分析经典著作译丛

自我与防御机制

安娜·弗洛伊德（Anna Freud）◎著
吴 江◎译

华东师范大学出版社
·上海·

图书在版编目(CIP)数据

自我与防御机制/(奥)安娜·弗洛伊德著;吴江译.—上海：
华东师范大学出版社,2018
(精神分析经典著作译丛)
ISBN 978-7-5675-7518-9

Ⅰ.①自… Ⅱ.①安…②吴… Ⅲ.①精神分析-研究
Ⅳ.①B84-065

中国版本图书馆CIP数据核字(2018)第041615号

本书由上海文化发展基金会出版专项基金资助出版

精神分析经典著作译丛
自我与防御机制

著　者　安娜·弗洛伊德(Anna Freud)	印 刷 者　常熟市文化印刷有限公司
译　者　吴江	开　　本　787毫米×1092毫米　1/16
策划编辑　彭呈军	印　　张　10
审读编辑　单敏月	字　　数　94千字
责任校对　王丽平	版　　次　2018年11月第1版
装帧设计　卢晓红	印　　次　2024年12月第11次
出版发行　华东师范大学出版社	书　　号　ISBN 978-7-5675-7518-9/B·1111
社　　址　上海市中山北路3663号	定　　价　32.00元
邮　　编　200062	
网　　址　www.ecnupress.com.cn	出 版 人　王　焰
电　　话　021-60821666	
行政传真　021-62572105	(如发现本版图书有印订质量问题,请寄回本社客服中心调换或电话021-62865537联系)
客服电话　021-62865537	
门市(邮购)电话　021-62869887	
地　　址　上海市中山北路3663号	
华东师范大学校内先锋路口	
网　　店　http://hdsdcbs.tmall.com	

译丛编委会
（按拼音顺序）

美方编委：Barbara Katz　　Elise Synder
中方编委：徐建琴　严文华　张　庆　庄　丽

CAPA 翻译小组第一批译者：
邓雪康　唐婷婷　吴　江　徐建琴
王立涛　叶冬梅　殷一婷　张　庆

THE EGO AND THE MECHANISMS OF DEFENSE (REVISED EDITION) by ANNA FREUD

Copyright © 1937, 1966 BY EXECUTORS OF THE ESTATE OF ANNA FREUD

This edition arranged with THE MARSH AGENCY LTD through Big Apple Agency, Inc., Labuan, Malaysia.

Simplified Chinese edition copyright © 2018 EAST CHINA NORMAL UNIVERSITY PRESS Ltd

All rights reserved.

上海市版权局著作权合同登记　图字：09 - 2015 - 828 号

通过译著学习精神分析

通过译著来学习精神分析

绝大多数关于精神分析的经典著作都不是用中文写就的。这是中国人学习精神分析的一个阻碍。即使能用外语阅读这些经典文献,也需要花费比用母语阅读更多的时间,而且有时候理解起来未必准确。精神分析涉及人的内心深处,要对个体内在的宇宙进行描述,用母语读有时都很费劲,更不用说要用外语来读。通过中文阅读精神分析的经典和前沿文献,成为很多学习者的心声。其实,这个心声的完整表述应该是:希望读到翻译质量高的文献。已有学者和出版社在这方面做出了很多努力,但仍然不够。有些书的翻译质量不尽如人意,有些想看的书没有被翻译出版。

和心理咨询的其他流派相比,精神分析的特点是源远流长、派别众多、著作和文献颇丰,可谓汗牛充栋。用外语阅读本来就是一件困难的事情,需要选择什么样的书来阅读使得这件事情更为困难。如果有人能够把重要的、基本的、经典的、前沿的精神分析文献翻译成中文,那该多好啊!如果中国读者能够没有语言障碍地汲取精神分析汪洋大海中的营养,那该多好啊!

　　CAPA翻译小组的成立就是为了达到这样的目标:选择好的关于精神分析的书,翻译成高质量的中文版,由专业的出版社出书。好的书可能是那些经典的、历久弥新的书,也可能是那些前沿的、有创新意义的书。这需要慧眼人从众多书籍中把它们挑选出来。另外,翻译质量和出版质量也需要有保证。为了实现这个目标,CAPA翻译小组应运而生,而第一批被精挑细选出的译著,经过漫长的、一千多天的工作,由译者精雕精琢地完成,由出版社呈现在读者面前。下面简要介绍一下这个过程。

CAPA第一支翻译团队的诞生和第一批翻译书目的出版

　　既然这套丛书冠以CAPA之名,首先需要介绍一下CAPA。CAPA(China American Psychoanalytic Alliance,中美精神分析联盟),是一个由美国职业精神分析师创建于2006年的跨国非营利机构,致力于在中国进行精神健康的发展和推广,为中国培养精神分析动力学方向的心理咨询师和心理治疗师,并为他们提供培训、督导以及受训者的个人治疗。CAPA项目是国内目前少有的专业性、系统性、连续性非常强的专业培训项目。在中国心理咨询和心理治疗行业中,CAPA 的成员正在成长和形成一支注重专业素质和临床实践的重要专业力量①。

CAPA 翻译队伍的诞生具有一定的偶然性,但也有其必然性。作为 CAPA F 组的学员,我于 2013 年开始系统地学习精神分析。很快我发现每周阅读英文文献花了我太多时间,这对全职工作的我来说太奢侈,而其中一些已翻译成中文的阅读材料让我节省了不少时间。我就写了一封邮件给 CAPA 主席 Elise,建议把更多的 CAPA 阅读文献翻译成中文。行动派的 Elise 马上提出可以成立一个翻译小组,并让我来负责这件事情。我和 Elise 通过邮件沟通了细节,确定了从人、书和出版社三个途径入手。

在人的方面,确定的基本原则是:译者必须通过挑选,这样才能确保译著的质量。第一步是 2013 年 10 月在中国 CAPA 学员中招募有志于翻译精神分析文献的人。第二步为双盲选拔:所有报名者均须翻译一篇精神分析文献片断,翻译文稿匿名化,被统一编码,交给由四位中英双语精神分析专业人士组成的评审组。这四位人士由 Elise 动用自己的人脉找到。最初的二十多位报名者中,有十六位最终完成了试译稿。四位评委每人审核四篇,有些评委逐字逐句进行了修订,做了非常细致的工作。最终选取每一位评审评出的前两名,一共八位,组成正式的翻译小组。后来由于版权方要求 Anna Freud 的 *The Ego and the Mechanism of*

---

① 更多具体信息可参看网站:http://www.capachina.org.cn。

Defense 必须直接从德文版翻译,所以临时吸收了一位德文翻译。第一批翻译小组的成员有九位,后来参与到具体翻译工作中的有七位:邓雪康、唐婷婷、王立涛、叶冬梅、殷一婷、张庆、吴江(德文)。后来由于有成员因个人事务无法参与到翻译工作中,于是又搬来救兵徐建琴。

在书的方面,我们先列出能找到的有中译本的精神分析的著作清单,把这个清单发给了美国方面。在这个基础上,Elise 向 CAPA 老师征集推荐书单。考虑到中文版需要满足国内读者的需求,这个书单被发给 CAPA 学员,由他们选出自己认为最有价值、最想读的十本书。通过对两个书单被选择的顺序进行排序,对排序加权重,最终选择了排名前二十位的书。这个书单确定后,提交给华东师范大学出版社,由他们联系中文翻译版权的相关事宜。最终共有八本书的中文翻译版权洽谈进展顺利,这形成了译丛第一批的八本书。

出版社方面,我本人和华东师范大学出版社有多年的合作,了解他们的认真和专业性。我非常信任华东师范大学出版社教育心理分社社长彭呈军。他本人就是心理学专业毕业的,对市场和专业都非常了解。经过前期磋商,他对系列出版精神分析的丛书给予了肯定和重视,并欣然接受在前期就介入项目。后来出版社一直全程跟进所有的步骤,及时商量和沟通出现的问题。他们一直把出版质量放在首位。

CAPA 美国方面、中方译者、中方出版社三方携手工作是非常重要的。从最开始三方就奠定了共同合作的良好基调。2013 年 11 月 Elise 来上海,三方进行了第一次座谈。彭呈军和他们的版权负责人以及数位已报名的译者参加了会议。会上介绍和讨论了已有译著的情况、翻译小组的进展、未来的计划、工作原则等等。翻译项目由雏形渐渐变得清晰、可操作起来。也是在这次会议上，有人提出能否在翻译的书上用"CAPA"的 logo。后来 CAPA 董事会同意在遴选的翻译书上用"CAPA"的 logo，每两年审核一次。出版社也提出了自己的期待和要求，并介绍了版权操作事宜、译稿体例、出版流程等。这次会议之后，翻译项目推进得迅速了。这样的座谈会每年都有一次。

在这之后，张庆被推为翻译小组负责人，其间有大量的邮件往来和沟通事宜。她以高度的责任心，非常投入地工作。2015 年她由于过于忙碌而辞去职务，徐建琴勇挑重担，帮助做出版社和译者之间的桥梁，并开始第二支翻译队伍的招募、遴选，亦花费了大量时间和精力。

精神分析专业书籍的翻译的难度，读者在阅读时自有体会。第一批译者知道自己代表 CAPA 的学术形象，所以在翻译过程中兢兢业业，把翻译质量当作第一要务。目前的翻译进度其实晚于我们最初的计划，而出版社没有催促译者，原因之一就是出版社参与在翻译进程中，了解译者们是多么努力和敬业，在专门组建的微信群里经常讨论一些专业的问题。翻译小组利用了团队的力量，每个译者翻译完之后，会请翻译团队里的人审校一遍，再请专家审校，力求做到精益求精。从 2013 年秋天启动，终于在 2016 年秋天迎来了丛书中第一本译著的出版，这本身说明了译者和出版社的慎重和潜心琢磨。期待这套丛书能够给大家充足的营养。

第一批被翻译的书：内容简介

以下列出第一批译丛的书名（在正式出版时，书名可能还会有变动）、作者、翻译主持人和内容简介，以飨读者。其内容由译者提供。

书名：心灵的母体（*The Matrix of the Mind*：*Object Relations and the Psychoanalytic Dialogue*）

作者：Thomas H. Ogden

翻译主持人：殷一婷

内容简介：本书对英国客体关系学派的重要代表人物，尤其是克莱因和温尼科特的理论贡献进行了阐述和创造性重新解读。特别讨论了克莱因提出的本能、幻想、偏执—分裂心位、抑郁心位等概念，并原创性地提出了心理深层结构的概念，偏执—分裂心位和抑郁心位作为不同存在状态的各自特性及其贯穿终生的辩证共存和动态发展，以及阐述了温尼科特提出的早期发展的三个阶段（主观性客体、过渡现象、完整客体关系阶段）中称职的母亲所起的关键作用、潜在空间等概念，明确指出母亲（母—婴实体）在婴儿的心理发展中所起的不可或缺的母体（matrix）作用。作者认为，克莱因和弗洛伊德重在描述心理内容、功能和结构，而温尼科特则将精神分析的探索扩展到对这些内容得以存在的心理—人际空间的发展进行研究。作者认为，正是心理—人际空间和它的心理内容

(也即容器和所容物)这二者之间的辩证相互作用,构成了心灵的母体。此外,作者还梳理和创造性地解读了客体关系理论的发展脉络及其内涵。

书名:让我看见你——临床过程、创伤和解离(*Standing in the Spaces*:*Essays on Clinical Process*,*Trauma*,*and Dissociation*)

作者:Philip M. Bromberg

翻译主持人:邓雪康

内容简介:本书精选了作者二十年里发表的十八篇论文,在这些年里作者一直专注于解离过程在正常及病态心理功能中的作用及其在精神分析关系中的含义。作者发现大量的临床证据显示,自体是分散的,心理是持续转变的非线性意识状态过程,心理问题不仅是由压抑和内部心理冲突造成的,更重要的是由创伤和解离造成的。解离作为一种防御,即使是在相对正常的人格结构中也会把自体反思限制在安全的或自体存在所需的范围内,而在创伤严重的个体中,自体反思被严重削弱,使反思能力不至于彻底丧失而导致自体崩溃。分析师工作的一部分就是帮助重建自体解离部分之间的连接,为内在冲突及其解决办法的发展提供条件。

书名:婴幼儿的人际世界(*The Interpersonal World of the Infant*)

作者:Daniel N. Stern

翻译主持人：张庆

内容简介：Daniel N. Stern 是一位杰出的美国精神病学家和精神分析理论家，致力于婴幼儿心理发展的研究，在婴幼儿试验研究以及婴儿观察方面的工作把精神分析与基于研究的发展模型联系起来，对当下的心理发展理论有重要的贡献。Stern 著述颇丰，其中最受关注的就是本书。

本书首次出版于1985年，本中译版是初版十五年后、作者补充了婴儿研究领域的新发现以及新的设想所形成的第二版。本书从客体关系的角度，以自我感的发育为线索，集中讨论了婴儿早期（出生至十八月龄）主观世界的发展过程。1985年的第一版中即首次提出了层阶自我的理念，描述不同自我感（显现自我感、核心自我感、主观自我感和言语自我感）的发展模式；在第二版中，Stern 补充了对自我共在他人（self with other）、叙事性自我的论述及相关讨论。本书是早期心理发展领域的重要著作，建立在对大量翔实的研究资料的分析与总结之上，是理解儿童心理或者生命更后期心理病理发生机制的重要文献。

书名：成熟过程与促进性环境（*The Maturational Processes and the Facilitating Environment*）

作者：D. W. Winnicott

翻译主持人：唐婷婷

内容简介：本书是英国精神分析学家温尼科特的经典代表作，聚集了温尼科特关于情绪发展理论及其临床应用的二十三篇研究论文,一共分为两个主题。第一个主题是关于人类个体情绪发展的八个研究,第二个主题是关于情绪成熟理论及其临床技术使用的十五个研究。在第一个主题中,温尼科特发现了在个体情绪成熟和发展早期,罪疚感的能力、独处的能力、担忧的能力和信赖的能力等基本情绪能力,它们是个体发展为一个自体(自我)统合整体的里程碑。这些基本能力发展的前提是养育环境(母亲)所提供的供养,温尼科特特别强调了早期母婴关系的质量(足够好的母亲)是提供足够好的养育性供养的基础,进而提出了母婴关系的理论,以及婴儿个体发展的方向是从一开始对养育环境的依赖,逐渐走向人格和精神的独立等一系列具有重要影响的观点。在第二个主题中,温尼科特更详尽地阐述了情绪成熟理论在精神分析临床中的运用,谈及了真假自体、反移情、精神分析的目标、儿童精神分析的训练等主题,其中他特别提出了对那些早期创伤的精神病性问题和反社会倾向青少年的治疗更加有效的方法。

  温尼科特的这些工作对于精神分析性理论和技术的发展具有革命性和创造性的意义,他把精神分析关于人格发展理论的起源点和动力推向了生命最早期的母婴关系,以及在这个关系中的整合性倾向,这对于我们理解人类个体发展、人格及其病理学有着极大的帮助,也给心理治疗,尤其是精神分析性的心理治疗带来了极大的启发。

书名：自我与防御机制（*The Ego and the Mechanisms of Defense*）

作者：Anna Freud

翻译主持人：吴江

内容简介：《自我与防御机制》是安娜·弗洛伊德的经典著作，一经出版就广为流传，此书对精神分析的发展具有重要的作用。书中，安娜·弗洛伊德总结和发展了其父亲有关防御机制的理论。作为儿童精神分析的先驱，安娜·弗洛伊德使用了鲜活的儿童和青少年临床案例，讨论了个体面对内心痛苦如何发展出适应性的防御方式，以及讨论了本能、幻想和防御机制的关系。书中详细阐述了两种防御机制：与攻击者认同和利他主义，对读者理解防御机制大有裨益。

书名：精神分析之客体关系（*Object Relations in Psychoanalytic Theory*）

作者：Jay R. Greenberg 和 Stephen A. Mitchell

翻译主持人：王立涛

内容简介：一百多年前，弗洛伊德创立了精神分析。其后的许多学者、精神分析师，对弗洛伊德的理论既有继承，也有批判与发展，并提出许多不同的精神分析理论，而这些理论之间存在对立统一的关系。"客体关系"包含个体与他人的关系，一直是精神分析临床实践的核心。理解客体关系理论的不同形式，有助于理解不同精神分析学派思想演变的各种倾向。作者在本书中以客体关系为主线，综述了弗洛伊德、沙利文、克莱因、费尔贝恩、温尼科特、冈特瑞普、雅各布森、马勒以及科胡特等人的理论。

书名：精神分析心理治疗实践导论（*Introduction to the Practice of Psychoanalytic Psychotherapy*）

作者：Alessandra Lemma

翻译主持人：徐建琴　任洁

内容简介：《精神分析心理治疗实践导论》是一本相当实用的精神分析学派心理治疗的教科书，立意明确、根基深厚，对新手治疗师有明确的指导，对资深从业者也相当具有启发性。

本书前三章讲理论，作者开宗明义指出精神分析一点也不过时，21世纪的人类需要这门学科；然后概述了精神分析各流派的发展历程；重点讨论患者的心理变化是如何发生的。作者在"心理变化的过程"这一章的论述可圈可点，她引用了大量神经科学以及认知心理学领域的最新研究成果，来说明心理治疗发生作用的原理，令人深思回味。

心理治疗技术一向是临床心理学家特别注重的内容，作者有着几十年带新手治疗师的经验，本书后面六章讲实操，为精神分析学派的从业人员提供了一步步明确指导，并重点论述某些关键步骤，比如说治疗设置和治疗师分析性的态度；对个案的评估以及如何建构个案；治疗过程中的无意识交流；防御与阻抗；移情与反移情以及收尾。

书名：向病人学习（*Learning from the Patients*）

作者：Patrick Casement

翻译主持人：叶冬梅

内容简介：在助人关系中，治疗师试图理解病人的无意识，病人也在解读并利用治疗师的无意识，甚至会利用治疗师的防御或错误。本书探索了助人关系的这种动力性，展示了尝试性认同的使用，以及如何从病人的视角观察咨询师对咨询进程的影响，说明了如何使用内部督导和恰当的回应，使治疗师得以补救最初的错误，甚至让病人有更多的获益。本书还介绍了更好的区分治疗中的促进因素和阻碍因素的方法，使咨询师避免先入为主的循环。在作者看来，心理动力性治疗是为每个病人重建理论、发展治疗技术的过程。

作者用清晰易懂的语言，极为真实和坦诚地展示了自己的工作，这让广大读者可以针对他所描述的技术方法，形成属于自己的观点。本书适用于所有的助人职业，可以作为临床实习生、执业分析师和治疗师及其他助人从业者的宝贵培训材料。

严文华

2016年10月于上海

因为爱你，所以我要成为自己

安娜·弗洛伊德作为弗洛伊德的最后一个女儿，深受弗洛伊德所爱，她也爱她的父亲，终身未嫁。为了捍卫父亲，她和克莱因掀起了长达数年的论战，此行为成为英国精神分析的标志性事件，并升华了精神分析的发展。在英国，你想学精神分析，你必须弄清楚你导师的学派是克莱因的，还是安娜·弗洛伊德的，或者是温尼科特的。好在大家达成的协议就是候选人都可以学。

弗洛伊德在建构了精神分析理论的骨架后，对本我、超我进行了较多的描述，其女安娜则在自我及其功能上进行了更多的描述，她的传世著作《自我与防御机制》是对她父亲理论的创造性的补充，也是对自己能力的一个证明。

在精神分析历史上，安娜·弗洛伊德很早熟，她想找弗洛伊德的学生做分析，而弗洛伊德虽然是一个揭示人性真正的大师，事情落到自己头上时，还是会不好意思的。一个例证就是在《梦的解析》第二版时，他删掉了第一版中的许多自己的例子，因为那涉及很多家庭隐私和秘密。

第二个例子就是弗洛伊德给自己的女儿安娜做自我分析,这虽然也是迫不得已,但也许是防止隐私外漏的最保险的途径,可见弗洛伊德在保护自己和自己家人以及自己理论上的坚决。

一个重大的秘密是安娜是一个同性恋,这在当时也许是最大的秘密。也许,安娜一辈子都竞争不过一个死人,她的姐姐索菲。其实弗洛伊德一辈子最爱的是他因病去世的大女儿索菲。在索菲去世后,弗洛伊德陷入了深深的哀伤中,他在旷世之作《哀伤和抑郁》中对抑郁的深刻理解大概与丧女的体验有关吧。而这对安娜来说,就变成了一个过不去的坎。在她和她的伙伴哈特曼的概念中,一个人的自我是有一个无冲突的区域的,即那些对真、对美、对大自然的热爱和探索,与父母的期许,对愿望满足的冲突无关,而是自我功能的一种表现。

在自我心理学派看来,自我并不是一个私生子,要藏着掖着,偷偷摸摸,后来生发,而是先天就存在,并且可以自我发展壮大和分化的。这种理论上的差异,不知道是对父亲弗洛伊德理论的补充呢,还是背叛。在行为上,安娜是有很多反叛的,她后来谈了一个女友,并且给女友的女儿做了自我体验,这似乎回应了她的父亲,我爱你,所以我要成为你,我也爱自己,所以我又不是你。

施琪嘉

2018 年 8 月 8 日

译者序

安娜·弗洛伊德的《自我与防御机制》是一本篇幅不长的小书,此书出版以来广为大家所知,在很多精神分析的培训和课程中,此书是必读书目。译者根据自己对此书的理解,简单做一个介绍,供大家参考。

在1966年出版的《自我与防御机制》英文版序言中,安娜·弗洛伊德写道:"此书专门探讨了一个特殊的问题,即自我通过什么样的途径和方法来应对不愉快和焦虑,并控制冲动行为、情感和本能冲动。"在此书中,安娜·弗洛伊德开创性地将自我作为精神分析的工作任务确立了下来。这也为精神分析中自我心理学的开端奠定了基础。1939年海因茨·哈特曼(Heinz Hartmann)出版了《自我心理学和适应问题》。这两部作品对精神分析理论和实践产生了巨大意义。随着二战时期大量精神分析师移居北美,自我心理学开始在北美影响甚巨。中美精神分析联盟(CAPA)的主席爱丽丝女士将此书列入第一批翻译的书目,其中也有这样的渊源。

《自我与防御机制》按照理论、分类和实例的架构可以区分为三个部分。第一部分(第一至第五章)从精神分析的角度审视了自我的作用,在理论上确立了自我作为分析实践的重要部分,并将"防御机制"描述为自我功能的一个重要方面。第二部分(第六至第十章)对各种防御机制进行了分类,并介绍了两种新的防御方式——"与攻击者认同"(第九章)和"利他主义的形式"(第十章)。第三部分(第十一至第十二章)讨论了青春期防御机制的特殊形式。

安娜·弗洛伊德和哈特曼的工作成功地让精神分析团体意识到不仅要分析本我,而且还要分析自我和它的防御机制,以及自我与外部世界的调整问题、个人的社会背景生活等等。自我心理学的出现在某种程度上与普通心理学进一步靠拢。最近在国内出版的乔治·范伦特的著作《自我的智慧》有关自我和防御机制的观点更像是对外在幸福的实用性和技术或策略性的追求,普通心理学的倾向相对明显。但是,这些并不是安娜·弗洛伊德的初衷。在某种程度上,她完全忠实于父亲的理论框架。在《自我与防御机制》第一部分中,安娜·弗洛伊德扩展了父亲弗洛伊德的结构理论,强调精神分析的注意力需要从对无意识的愿望、冲动和情感的本能冲动领域研究中扩展出对自我的研究。安娜并没有放弃本能理论,承认快乐原则对于人类心理功能的重要性。在论述自我对精神分析工作的重要性时,安娜·弗洛伊德从自由联想、梦、移情,以及自我分析和本我分析的关系等多个方面进行了阐明。至于为什么安娜·弗洛伊德会强调自我的重要性,有一个重要的原因是她分析的对象很多都是儿童和青少年。传统的精神分析在适用于儿童和青少年时出现了很多困难。安娜·弗洛伊德写道："当我们必须放弃自由联想，使用象征解释简化分析过程，以及在治疗的过程中开始延后移情的解释时，三种发现本我内容和自我活动的关键入口将会关闭。"原初对本能的分析在对儿童和青少年的分析中变得更加困难，对自我和防御的分析为儿童和青少年的精神分析提供了一个重要的途径。

在第二部分中，安娜·弗洛伊德列举了十种重要的防御机制：压抑、退行、反向形成、隔离、抵消、投射、内射、转向自身、反转和升华，并用了一个案例集中来阐述。另外，安娜·弗洛伊德在这部分介绍了两种"新的"防御机制——与攻击者认同和利他主义。这两种防御机制的提出是安娜·弗洛伊德对精神分析理论的特别贡献。我们简单地看一下与攻击者认同这一防御机制。"与攻击者认同"的概念在很多方面都很重要。它提供了一种思考儿童攻击性的方式，这种方式不依赖于先天的"攻击本能"或"死本能"的概念。在这一点上她和克莱因的观点不同，安娜·弗洛伊德也强调本能在理论上的重要性，但是她更关注性本能在冲突和症状中起到的作用。安娜·弗洛伊德也更倾向于对外在现实世界的关注。所以，无论是应对来自内部的威胁，还是来自外部的威胁时，防御机制都是一样的。当威胁或危险被识别出来，自我激活某种形式的防御策略，旨在减少威胁，从而避免痛苦或快乐。"与攻击者认同"的概念同时提供一种思考早期超我发展正常过程的方式。通过将一个具有威胁性的客体内化，儿童会承受来自内部的批评，但这一过程也是被外部化的。

另外，安娜·弗洛伊德还介绍了一种防御的前体——否认。她用了两个章节来阐明幻想、想象、白日梦和游戏在儿童面对现实时所采取的策略。"儿童期的自我在很多年的时间里都能够摆脱令人不悦的现实影响,并能保持现实检验能力。自我最大限度保持这种状态,不仅仅将自身限制在纯粹的想象和幻想中,即不光想,而且做。它利用了各种各样的外部物体来戏剧化地改变它的真实情况。"在安娜·弗洛伊德的理论中,幻想和游戏并入了防御的范畴。在某种程度上,幻想和游戏处在理论的从属地位。这和克莱因的无意识幻想概念的旨趣有很大的不同。或者,现实检验的概念在安娜·弗洛伊德的那里是非常重要的。安娜·弗洛伊德或许是从成人的角度来看儿童世界的。

  本书的第三部分讨论了青春期防御机制的特殊状态。虽然早期的精神分析师非常关注性本能的发展在人类发展中的重要性,但是,青春期这一发展阶段在安娜·弗洛伊德之前令人惊讶地被忽视了。安娜·弗洛伊德认同青春期是婴儿性心理的第二次重演的观点,她进一步阐明,之所以忽视青春期现象的原因在于早期的精神分析师没有考察青春期自我的变化性。一旦关注到青春期自我剧烈变化的特征,青春期作为一个具有特征性的时期就会显现出来。在本能力量的高涨所带来的压力状况下,所有的防御手段都被发挥到极致。对许多青少年来说,这可能导致极端的防御系统,包括完整的本能排斥,如理智化和禁欲主义。一切显得摇摆动荡,充满矛盾。青少年会突然沉迷于他曾极力排斥的事情上。安娜·弗洛伊德认为,在自由与克制之间,或反抗与服从权威之间的这种摇摆,是"正常"青春期的特征,不应被视为病态。

《自我与防御机制》这本书篇幅不长,但是整个框架结构相对完整,其中涉及大多数精神分析的主题,并且提出了一些新的,并对后续精神分析具有重要影响力的理论和思想。所以,这本小书还是值得仔细阅读和研究的。

囿于自身的德语水平,我恐怕难以完全胜任呈现这本经典著作原貌的任务。如果能为大家提供一些抛砖引玉的帮助,我也心满意足了。有不足之处,希望大家指正。最后,感谢施琪嘉老师在百忙之中抽出时间为此书所作的推荐序。感谢彭呈军分社长一再宽容我的懒癌症,最终促成此书的出版。

目　录

第一部分
防御机制的理论

第一章　自我作为观察之地 / 3
第二章　运用分析技术研究心理机构 / 9
第三章　自我的防御行为作为分析对象 / 21
第四章　防御机制 / 30
第五章　面对焦虑和危险的防御过程走向 / 38

第二部分
回避现实痛苦和现实危险（防御的前体）的例子

第六章　幻想中的否认 / 49
第七章　言语和行为中的否认 / 59
第八章　自我限制 / 67

第三部分
防御类型的两个例子

第九章　与攻击者认同 / 79
第十章　利他主义的形式 / 89

第四部分
驱力强度下对焦虑的防御（青春期实例的描述）

第十一章　青春期的自我和本我 / 101
第十二章　青春期的本能焦虑 / 112

结语 / 128

注释 / 131

第一部分

防御机制的理论

第一章　自我作为观察之地

精神分析的定义——在精神分析学说发展的某些阶段,个体的自我理论研究是极不受欢迎的。不知为何,很多分析师产生了这样的观点:如果有人想在分析中成为优秀的和科学的治疗者,他越是对精神生活更深层次进行关注,那么他就越能成功。每一次从精神更深层次到表浅层次兴趣的增加,以及每一次从本我到自我的研究都将被认为是对精神分析完全背离的开始。精神分析应当持续地对无意识精神生活的新发现保持热情,为获得压抑的本能冲动、情感和幻想的知识而努力。诸如儿童或成人对外界的适应问题,以及健康和疾病,道德或恶习等价值概念,精神分析不应有所涉及。精神分析的对象只能是成年期持续的婴儿幻想、想象的快感体验,以及由此产生的惩罚恐惧。

精神分析这样的定义在分析文献中并不是太难找到,这可能是所使用语言的方式使然,而这些语言方式在精神分析和深度心理学领域中一直被使用着。或许过去就站在你身边,在精神分析早期,人们认为那些建立在研究基础上的教义,首当其冲的是有关无意识的心理学。按现在的表述就是：它即本能。但当人们在运用精神分析进行治疗时，他将迅速地失去每个正当性的诉求。分析治疗的对象从一开始就是自我及与自我相关的障碍，本能的研究和它的工作方式一直是手段性而非目的性的。目的始终是同一的：症状的消除和自我完整性的恢复。从《群体心理学和自我分析》和《超越快乐原则》开始，弗洛伊德的工作方向发生了翻转，从对自我不分析的状况转向了对自我机构（Ich-Instanzen）明显地关注。此后，分析研究工作方案可以不再用深度心理学的名义加以掩盖。我们通常这样来界定：分析的任务是获得所有三个机构中尽可能深远的知识，以及它们之间的关系和它们与外部世界的知识，据此我们整体地理解精神人格的组成。这意味着自我涉及的范畴包括内容、程度、功能和与外部世界关联的历史，以及本我和超我。而本我涉及本能的描述、本我的内容和本能转换的结果。

自我感知中的本我、自我和超我——我们都知道，这三种机构可以通过非常不同的观察方式得以获悉。关于本能——更早的无意识（Ubw）系统——的知识，依赖于我们后续对前意识（Vbw）和意识（Bw）的考察。当本能处在平静和满足的状态时，本能冲动没有动机为获得快感而与自我遭遇，也不会在自我那里产生压力和不愉快。因此，我们也没有机会获取某些关于本能的内容。至少在理论上，本能不是在任何条件下都可以接近和观察到的。而对于超我来讲，情况就自然不同了。超我的内容在更大的程度上可以直接意识到，并能通过内在心灵的感知直接获取。然而，超我表象的获取还是不那么容易的，因为自我和超我彼此紧密黏着在一起。我们可以这样说：自我和超我重合在一起，也就是说，超我作为单个机构，在这种状态下，对于自我觉察和观察者来说，是不可识别的。很清楚的是，超我对自我怀有敌意，至少是批评性的，其结果是紧随其后出现在自我中的批评，如清晰可查的内疚感。

自我作为观察者——这意味着，自我是我们的观察必须不断引导的实际区域。自我即是所谓的中介，通过它，我们可以尝试去理解其他两个机构的图景。

观察者的角色在于用比较好的方式，实现自我和本我和睦的边界往来。个人的本能冲动总是不断地从本我渗透到自我中；在那里，本我获得了运动结构，借助于此，本我可以获得它自身的满足。在幸运的情况下，自我对闯入者没有异议，并赋予它力量，同时谨慎地追踪：它记录了本能冲动的冲击，压力的持续增高，并伴随着不愉快的体验，以及当满足实现时，压力最终得以缓解。对整个过程的观察为我们提供了本能冲动、所属力比多的量和本能目的清晰而非歪曲的画面。而允许本能冲动的自我在这一图画中绝不会得以描述。

遗憾的是，本能冲动从一个机构逾越到另外一个机构时，将带来所有可能的冲突，同时破坏本我的监察。当本我冲动以它的方式得以满足时，它必须符合自我的底线。这样，本我陷入了诡异的气氛中。所谓的"初级过程"在本我中占据了主导，表象不能通过整合相互地联系在一起，情感是移动不定的，矛盾的两面互不干扰或重合在一起，凝缩（Verdichtung）轻而易举地产生了。欲望的达成作为最高原则统治着整个过程。与此相反的景象是,自我中的表象相互的传输存在着严格的条件过程。这就是我们总结出来的,所谓的"次级过程"。在此种情况下,本能冲动不那么容易获得满足。它们被告知要考虑现实的要求,伦理和道德的法则,并以超我的准则规定自我的行为方式。本能冲动会陷入异质机构挫败它们的危险中,蒙受拒绝和批评,并被迫调整所有的形式,因为和睦的边界往来已经结束。一方面,本能冲动以其自身的韧性和能量坚持它们的目标,着手入侵自我,并期望撼动和制服自我。另外一方面,自我对本我逐渐变得不信任,并开始反制,将其驱赶回自己的区域。自我的目的在于,通过适当的防御机制持久地使本我失去功能,这些防御机制为了确保自我的边界而产生出来。上面的图景虽然不易理解,但具有深远的价值,它们为我们提供了自我在这一过程中监察活动的概况。这些图景向我们展示了某个时刻两个机构的活动状况。至此,我们能看到的不再是未成形的本我冲动,而是被自我的防御机制修整过的本我冲动。现在,分析的观察者面前的任务是将上述的状况,以及两个机构之间的妥协进行调解,并再次辨认哪些部分是属于本我的,哪些是属于自我的(或许也是超我的)。

本我的推力和自我的推力作为观察的材料——在这里我们注意到,从不同观察角度来看,两个方向上的推力有着非常不同的价值。所有自我针对本我的防御行为都是默然无声和悄然无形的。我们总是可以事后重构,但从未真正捕捉到。例如,成功的压抑就是明证。自我对自己一无所知,人们只有当缺失出现时,才开始确信为真。也就是说,关于个体客观地评估缺少明证性。人们只能期待本能冲动为了获得满足而出现在自我中。如果它一直未出现，人们别无选择，只能认为，本我冲动进入自我的通道持续关闭着。也就是说，本能已屈服于压抑。在压抑的过程中，我们不会有更进一步的发现。

成功的反向形成（Reaktionsbildung）也同样如此，它作为最重要的措施之一，持续地对抗本我来保护自我。看起来，防御机制在儿童发展的某个时刻不经意间出现在自我中。人们不能总是说，具有反抗性的本能冲动事先就存在于自我注意力的中心点上。自我通常不知晓内在的拒斥和整个的冲突，而这些拒斥和冲突导致了新的特质产生。如果没有充分的针对它们反应性的明示，以及背后隐藏着先前冲突确定性的指征，那么在分析的观察中，人们将把防御机制视为自我的一种自发延伸。不管怎样，对这些防御形式的观察不会重复预测到防御产生的过程。

我们注意到，在对推力的研究中，我们总是可以从另外一个层面（即从本我到自我层面）得出所有重要的结论。成功的压抑有多不透明，伴随压抑之物逆行和回归的压抑过程就有多不透明，就如我们在神经症中观察到的情形一样。在这里，我们可以追溯本能冲动和自我防御之间冲突的每一个阶段。类似地，当反向形成逐渐分解时，也是最容易研究反向形成过程的时机。在这里，本我推力存在于原始本能冲动的力比多投注中，这些冲动被反向形成掩盖，并加以强化。这样，本能冲动被推向了意识。很快，本能冲动和反向形成同时可以在自我中看到。另外，自我的综合能力努力将分析性观察中非常有益的状态停留更长的时间。然后,本我衍生物(Es-Abkömmling)和自我活动之间产生了新的战争,并决定：谁占上风？相互之间要达成什么样的妥协？如果从自我产生的防御通过提高占据的能量而获得了胜利,那么本我的推力就会停止,那些不能观察到的内心潜伏状态将再次出现。

第二章　运用分析技术研究心理机构

前面所描述的内容也许匹配精神分析所发现的心灵过程的观察。接下来，我尝试作一些总结，分析技术的发展是以何种方式深入研究这些条件的。

前分析时期的催眠技术——在前分析时期的催眠技术中，自我的作用完全是消极被动的。催眠的技术意在收集无意识的内容，自我只是被看作一种障碍。我们所熟知的是，在催眠的帮助下，病人的自我处于关闭状态或者被制服。在《癔症研究》中描述的新技术中，自我的关闭可以得以利用，使得医生可以打开病人内心，进入无意识（现在所谓的本我）的通道中，这一通道之前被自我所阻断。因此，最终的目标旨在揭示无意识，自我在其中是一种干扰，催眠则作为暂时摆脱干扰的一种方式。医生在催眠中将获得的无意识碎片放置到自我中，这种强制性的意识对症状有消除作用。但是，自我本身并未包含在治疗的过程中。只要进行催眠的医生持续发挥作用，自我只是一直忍受侵入者的闯入。然后，它开始反抗，开启一场针对来自本我强制性碎片的防御战，破坏来之不易的治疗成果。在这种情况下,催眠技术巨大的胜利,就是自我审查持续被消除的过程,结果是对持久疗效的破坏,对治疗的失望。

自由联想(freie Assoziation)——但是,在自由联想(在治疗中取代催眠作为帮助的方式)的状况下,自我的作用一开始也是消极的。

的确,病人的自我不再被强制消除。但相反的是,病人的自我将促成自身的关闭。对联想产生的念头的批评应被杜绝,否则逻辑关联的正当需要将无法实现。可以这么说,自我请求保持沉默,本我在这样的默契下被邀请出来发言。这样,它的衍生物在上升到意识时,就不会遭遇困难。但是本我的衍生物不会承诺任何东西,只要它进入自我,它就要实现某个本能目的。通行证只对词语表象的转换有效,对运动系统的控制和最终目标的实现无效。运动系统从一开始就受到分析技术的严格规定。因此,我们必须和病人的本能冲动进行双重博弈,一方面鼓励它们表达自己,另一方面,不断地拒绝它们的要求。而这也是分析技术运用中的众多困难之一。

今天,很多精神分析的初学者需要成功地让病人持续性、无破坏性和无遮蔽性地表达头脑中所有的念头,同时无条件遵守分析的基本原则。但这一令人神往的理想状态并非意味着分析的进步,其根本上也只是医生单方面对本我专注的压制性催眠情境的再现。对精神分析来说,幸运的是,病人的某种顺从在实践上是不可能的。分析的基本原则总是在不太远处跟随着。当自我保持沉默一小段时间时,本我的衍生物就利用这一空隙向意识挤压。分析师需要迅速将它们外在的表达识别出来。

然后,自我又开始活动,反抗强加在它身上无作为的忍耐,修补任何在自由联想过程中遭到破坏的防御机制。如果病人违背分析的基本原则,我们会说,他在"阻抗"。应该这样讲:本我对自我的推进已实现了,这一推进将通过相反方向的对抗行为来解决。同时,观察者的注意力也相应地从自由联想转变到阻抗,以及从本我的内容转变到自我活动。

分析师将有机会观察到,如上所述的,难以辨析的自我针对本我的防御机制如何在他的眼前发生,并将对象分解清晰。在这里,他将注意到,随着关注对象的改变,分析的情境将突然发生变化。在本我的分析中,本我衍生物自发的涌现可以给分析师提供便利。分析工作和应该被分析的本能质料的热望挤到了同一个方向上。而自我防御活动的分析在这种同质性方向上没有什么可能性。自我无意识部分在此没有被意识化的优势。这就是为什么自我分析比本我的分析更令人不满意。对自我的分析应采取迂回的方式进行,不可能直接跟随自我的防御活动,只能在自由联想中的结果中重塑出来。这种分析方式似乎可以从自由联想中发现是否存在省略、倒转和意义移置等现象,并应该揭示自我使用了哪种防御方式。分析师的任务是第一时间识别防御的机制。这样,他就获得了一部分自我分析的成功。分析师的下一个任务就是对防御的行程状况进行回溯,也就是说,估测因压抑造成的遗漏,并进行补齐,纠正移置的部分,重新连接孤立的部分。在重新修复各种联系的撕裂中,分析师的注意力再次从自我分析转向了本我分析。

我们看到,我们所关心的并不仅仅是简单地执行分析的基本原则,而且还要坚决维护这一基本原则。当我们来来回回在本我和自我之间进行观察,并保持对这两个方面同样的兴趣时,我们就会得到精神分析所认为的有别于片面性催眠技术不同的结论。其他分析技术在一个或另一个观察方向上以灵活的方式作为精神分析方法的补充存在。

释梦——在自由联想的过程中,释梦的情境再次呈现了分析中的观察情境。造梦者的心理状态和病人在分析时段的心理状态只存在略微差异。在睡眠状态下,造梦者自我功能的减弱自动出现,而在分析中,自我功能应在遵从分析的基本原则下达到减弱的状态。

躺在分析躺椅上的病人保持一种安静状态,应让他自己获得某种可能性,通过想象协助他的本能愿望得以满足,从而取代睡眠状态的活动性。审查活动的作用下显梦中隐藏的转化——扭曲、凝缩、置换、倒转和省略,对应于在对抗压抑的自由联想的变形状态。释梦服务于本我的研究,使得梦的潜在含义(本我内容)显露出来,并在某种程度上可以获得成功。释梦对梦含义进行的解析,是建构审查者的作用手段,从这一点来讲,释梦也服务于自我机构和它防御活动的研究。

象征解释——对梦的象征意义的认识是释梦的副产品,并为我们研究本我提供了强力支持。象征是本我内容和意识中词物表象之间确定的普遍联系。这种关系的知识提供了意识对无意识表述的确定性结论,而无需我们很辛苦地回溯自我的防御方式。象征翻译的技术是一种理解上的捷径,更恰当的说法是,这种技术从最上层的意识跳跃到最下层的无意识,省略了自我活动的中间层,这一中间层或许是由于强迫性地将那些特殊的本我内容转移到特殊的自我形式中而形成的。象征语言的知识对于理解本我同样具有价值，就如在数学中，公式对应着解决某个特殊的问题。即使人们不知道最初推演过程是什么样的，这也不会有什么危害。在公式的帮助下，不需要获得对数学的理解，人们即可解决问题。同样，人们通过象征的方式揭示本我内容，也不需要有关个体理解的深入的心理学知识。

失误——从本我突破（Es-Durchbrüche）的某一侧，我们可以在无意识中偶然地瞥见本我的闪现——即所谓的失误。如我们所知，本我突破并不是以分析情境为基础的。它们可以在任何地方发生，在那里，自我警觉在某些情境下受到了限制或发生了偏移，与此同时，无意识的冲动突然增强。那些失误，特别是口误和遗忘，自然会在分析中出现。它们会突然出现，像闪电一样照见出无意识的某一片段，而这可能正是分析性解释苦苦追寻的目标。在分析开始的时候，分析师更专注于意外之喜，乐于以无可争议的形式，让那些很难获得分析认知的病人亲眼看到无意识的存在。人们很乐意将单个的机制，如置换、凝缩、忽略，通过易于理解的实例表现出来。一般情况下，除了在分析中随机出现的本我闪现，那些偶发事件对于分析技术的重要性将逐渐烟消云散。

移情——本我观察和自我观察之间的理论性区别可能是分析工作中最重要的辅助方式，即移情的解释。我们将移情看作是病人对分析师的所有冲动，它不是病人在现实的分析情境中新产生的，而是产生于早期或最早期的客体关系，并且在分析情境中以强迫性重复的方式带来新的影响。移情是冲动的重复，而非新的创生物，它以最显著的方式使我们获得对病人过去情感经历的认识。现在看起来，病人移情的表达方式可以区分出不同的类型。

a. 力比多冲动性移情。第一种类型是最简单的一类。病人对分析师产生了强烈的情感，如爱、恨、嫉妒和恐惧。这些情感在当下现实的情况下看起来没有足够的缘由。当病人以一种非本愿的方式表达自己的情感时，他们会感到羞愧或羞辱，因此病人自己将极力防止那些强烈的情感。通常，只有在分析基本原则的压力下，才能迫使这些情感进入意识的表达。分析的研究工作将这些情感标记为本我的闪现。它们起源于过往的情感集丛，如俄狄浦斯情结和阉割情结。当我们将它们从分析情境中分离出来，进入婴儿的情感状态中时，它们将变得合情合理了。这种回溯能够帮助我们补充病人过去经历中被遗忘的空缺，使我们获得对病人婴儿本能和情感生活的新认识。我们对病人进行这样的解释性尝试，病人通常也乐意合作。他们自己也感觉到移情性情感冲动是一种侵入性异质物。对过去冲动的回溯，使他们在当下从异于自我的冲动中解放出来，使他们可以进一步进行分析工作。对第一类型移情的解释仅仅有助于对本我的观察。

b. 防御性移情——病人在分析情境中呈现的强迫性重复并不仅仅是涵盖了本我冲动，而且还涵盖本能防御方式。病人转移的不仅仅只是真实的婴儿本能冲动，这些冲动随后在成年自我的审查下屈从性地进入到意识中。病人也转移了本我冲动的所有变形形式，这些变形形式在婴儿期的生活中已经很明显了。在极端的例子中,移情中实现的根本不是本能冲动自身,而仅仅是正性或负性力比多倾向的特殊性防御。就如对女性同性恋正性力比多联接性危险的回避反应,再如病人内在对父亲具有男性攻击性的特质转变为屈从性的和女性受虐性的姿态,正如威廉·赖希所强调的那样。我认为,如果我们把移情性防御反应视作一场骗局、一种嘲弄或者是分析师强制暗示的一种方式,那么这是对病人巨大的不公平。如此,我们几乎不可能通过分析基本原则的持续执行,以及诚实性的要求使病人信服,也不可能使病人展现隐匿于移情防御方式中的本我冲动。当病人把本能或情感以唯一一种可以公开的形式,即转换的防御形式表现出来时,他们已经足够诚实了。我认为,在这种情形下,分析师的任务不是跳过所有本能转换的中间阶段,直接猜测被拒绝的原始本能冲动的性质,灌输给病人意识层面的认识。更正确的做法是,把分析的注意力从本能方面转移到本能防御的特殊机制上,从本我方面转移到自我上。如果我们能够成功地回溯本能转换的路径,那么分析的收获将是双份的。移情的表现方式可以分解为两个部分,一个是力比多或攻击性部分,属于本我;一个是防御机制,属于自我。这两部分都产生于过去,对自我最有意义的情况存在于婴儿时期,那是本我的冲动最先产生的时期。

补充病人本能生活记忆的空缺后,第一类型移情的成功解释使我们可以得到信息来填补和阐述病人自我发展的历史,如果可以换一种方式讲的话,即病人本能转换的历史。但是,那些对两种移情类型有益的解释尝试带来了分析师和病人之间最大的技术性困难。病人感觉第二种方式的移情反应并非异质之物。对于自我已形成的强烈部分(也包括自我早年的状态)来讲,并不让人感到太惊讶。要让病人相信这些现象的重复性本质是不容易的。在意识中显露出来的形式具有自我合理性。对于审查机构来讲,必要的扭曲已经在过去完成了,成熟的自我没有理由在自由联想中对自己的出现进行防御。原因和结果的差异吸引了观察者的注意,使得移情不合理呈现,病人很容易地通过合理化将这些差异掩盖。我们不能像面对第一种移情类型那样,在面对这种移情反应时,期待病人的合作。大体上讲,涉及自我未知部分(先前自我活动部分)的解释工作时,病人的自我完全就是分析工作的对手。很明显,我们将面临这样一种情况,我们通常用不是十分合适的术语"性格分析"来描述。

我们把那些移情解释中获得的信息从理论上区分为两组,一组来自意识层面的本我内容,一组来自意识层面的自我活动。这种区分看起来类似于自由联想中解释的结果:头脑中的念头不受干扰的流动促成本我内容的解释,阻抗的作用促成的防御机制的解释。不同之处只存在于,移情解释完全只与过去经历有关,能够将病人过去经历的整个时期一次性呈现。在自由联想中暴露出来的本我内容并非和特定的时期联系在一起,而自我的防御行为作为治疗时段中自由联想的阻抗出现,它们也可以属于病人现在的生活。

c. 移情的见诸行动——移情的第三种形式为我们认识病人提供了

一种重要的方式。在梦的解释、自由联想、阻抗的解释以及上述所描述的移情解释中，我们总是在分析的情境来考察病人，也就是说，在一种非自然性的内在心理状态下。两个机构的力量一次是通过睡眠状态的改变，另一次是通过分析基本原则的遵守，往有利于本我的方向推移。我们了解自我机制总是在自我虚弱和衰减的情形下，一则通过梦的审查，二则通过自由联想的阻抗来识别。我们经常费力地设想他们自然的大小和强度。我们熟悉所有对分析师多重的指责：分析师虽然能够很好地识别无意识，但是他们不能很好地评估他们病人的自我。他们可能缺少机会在行为上观察到病人的整个自我，因此只拥有部分的权威性。

现在移情开始积蓄，病人通过两种方式摆脱分析治疗严格的规则，既从本能，也从防御方面开始在日常生活的治疗中移植他们的移情情感。所谓移情的见诸行动，严格地说已经超出了分析的范畴，但它们对分析来讲却充满了启发意义。病人的内在结构以它们自然的全貌形式不可避免地展现在我们的面前。一旦见诸行动的解释获得成功，我们就可以对移情行为的组成部分进行分解，它们取决于各个实例的真实片刻定量参与的程度。那些每个机构贡献的能量可以在自由联想中，以它们完整性和相对性的数量形式明显地区分开来。尽管存在对我们有帮助的和价值充分的理解，然而从见诸行动的解释中获得的治疗获益通常是微小的。无意识意识化的可能性，以及治疗对本我、自我和超我的影响都是建立在人为的，与催眠类似的分析情境的基础之上的，而自我机构的活动在这种情境中是被剥夺的。只要自我完全处在功能中，并作为本我的盟友完成各种任务,那么内在心灵的置换和外在环境的影响只能获得很少的机会了。因此,对于分析师来讲,第三种形式的移情和见诸行动比防御形式的移情更难处理。可以理解的是,分析师试图将这种移情通过分析性的解释和非分析性的禁止来进行限定。

自我分析和本我分析的关系——我们从移情的力比多倾向、防御和见诸行动三个方面把移情详细地区分开来,目的是想展示,涉及本我衍生物意识化的时候,分析的技术性难度相对微小,而涉及自我无意识部分的分析时,困难就大得多。更准确的说法是:问题不在分析技术本身。自我的无意识意识化同样适用于本我或超我的无意识意识化。对我们分析师来讲,自我分析的困难比本我分析更让人感到陌生。我们有关自我的理论概念还没有和意识感知系统理论整合起来,而且我们也知道,自我机构的整个部分是无意识的,等待着分析技术的帮助将其意识化,因此,我们对自我的分析工作越来越关注了。所有在分析中和自我混合在一起的材料,和本我衍生物一样都是好的分析对象。我们没有权力将自我分析仅仅作为本我分析的障碍来理解。所有来自自我部分的形式,包括阻抗都是一种力量,它们阻挡无意识的显露,同时阻碍分析工作的方向。我们应该知道,尽管对自我的分析必须对抗自我的意愿来进行,但是自我的分析很少如同病人本我分析那样,可以清楚地感知到。

技术的偏差和困难——我们从上面所述的内容已经知道了,对自由联想、潜在梦之想法、象征之解释和幻想或见诸行动之移情内容的研究是在本我探索这一层面进行的。在阻抗、梦的审查工作,以及移情中探索自我针对本我未知活动的本能冲动和幻想的防御形式是在另外一个层面进行的。如果两个方向上的研究可以没有偏差地结合起来,赋予分析内在关系一个全景图像,那么必须肯定的是,任何分析方式的偏差将使所有其他的努力偏移和失真,或者至少只能呈现人格不完整的图像。

例如,一种技术只以一种专有的形式进行象征性解释,那么对本我内容的呈现同样存在只以一种专有形式的风险。如果谁如此工作了,那么他很容易忽视或者低估自我机构为人所不知的部分,而这些部分需要用其他的分析方法将其意识化。人们可以为这样的技术的合理性进行辩护,他们多半认为,没有必要在自我这里绕弯路,可以更直接地接触到压抑的本能生活。但是,他们所获得结果仍然是不完整的。只有对自我无意识防御活动的分析才可能使我们复原本能的转换过程。若不如此,虽然我们可以获知很多压抑的本能愿望和幻想内容,但是,我们极少或者几乎不能获知自我防御所经历的变迁,以及它们进入人格结构的各种方式。

如果极端偏向某一方向的技术,以及阻抗的分析完全移向前景位置,那么他们得到的结果也存在着缺陷。如果我们以这种方式在分析中获得自我建构的全貌,那么我们必须放弃深度和完整的本我分析。

同样地,我们不得不尝试着某种技术,最大限度地使用移情。当某些技术性尝试促进了病人进入强化的移情状况时,病人将呈现出丰富的来自深层自我的材料,这看起来是没有什么问题的。但是,这样会改变分析的情境。他的自我作为观察者,不再是微小、虚弱和客观了,倾向于外在的行为。我们就会被支配、被淹没和被行为吸引。如果病人被强迫性重复占据,完全表现出婴儿的自我,那么,他们只会见诸行动,而不是进入分析。我们期待从移情的见诸行动中获得理论上的解释,而这些技术最终会在治疗上令期待落空,尽管它们最初承载着深化我们对病人了解的愿望。

儿童分析中的替代技术是一个片面分析危险性的极好例证。当我们必须放弃自由联想,使用象征解释简化分析过程,以及在治疗的过程中开始延后移情的解释时,三种发现本我内容和自我活动的关键入口将会关闭。这里存在这样的问题,我们如何可以将这些空缺重新修补,如何超越表层的精神生活?这是我下一章想进一步回答的问题。

第三章 自我的防御行为作为分析对象

分析过程中自我的关系——上一章冗长而繁琐的理论解析可以用实践中一些简单的话来概括。分析师的任务就是将无意识意识化，无需关注无意识属于哪个机构。分析师将注意力均匀和客观地集中在所有三种机构上，只要它们包含了无意识的成分；分析师在某种立场上用另外的表达方式完成他们的解释工作，他必须与本我、自我和超我保持同等的距离。

但是，这些关系清晰的客观性会被不同的情境混淆。分析师的中立性没有得到响应，不同的机构以不同的方式对他们的努力做出反应。对于本我冲动，如我们所知，本我自身没有保持无意识的倾向。本我拥有自己的推动力——一种持续的倾向，将自己意识化，并且要获得满足，或者最低程度上把本我的衍生物推到意识的前台。分析师需要描述这些同一方向上的推力以及它们是如何强化它们的作用力的。分析师应作为帮助者和解放者，揭露本我被压抑的部分。

自我和超我的关系是另外一种情形。只要自我机构用它自己驯服本我冲动的方式努力进行工作,分析师看起来就像一个扰乱者。分析师的分析工作重新让已有的压抑得以实现,破坏了病理性影响和自我合理性形式之间的平衡。分析师将无意识意识化的工作和自我机构限制本能生活的运作之间存在着冲突。只要有关个体疾病的了解没有确定下来,分析师的意图就是对自我机构的一种威胁。

接着上面几章的阐述,我们将把自我与分析工作的关系描述为三个层面。只要自我作为自身观察者出现,并在分析中发挥这方面的能力,以及通过来自最底层的衍生物展现出其他机构的图像时,自我将是分析的同盟者。如果自我在自我观察中表现出不可靠和偏移,对其他不确定的信息进行伪造和拒绝录入,拒绝确认性,延缓分析研究中的无分别呈现;如果防御行为并不是像某些令人厌恶的本能冲动的无意识活动那样存在着,而是稳定地在无意识中活动,并艰难地意识化,那么自我最终会成为分析的对象。

本能防御与阻抗——本我和自我分析在实践工作中不可分地相互联系在一起,上一章我尽力在理论的探究中将它们分离开。我的尝试再次确认了这样的经验事实,在分析的过程中,所有有助于自我分析的材料以对抗本我分析的阻抗形式出现。自我在分析中四处活跃,它意图通过对抗阻碍本我的突进。因为分析的任务是谋求被压抑本能的表象出现在意识中,同时促进本能的闪现,所以自我对本能表象的防御就自动转变成对分析工作的阻抗。分析师在分析中遵守分析的基本原则,促使自由联想中某些表象的出现,但在这个过程中,分析师本人带有个人的影响力和特性，所以自我对本能的防御转变成对分析师本人的直接抵抗。对分析师的敌对和对本我冲动的防御自动地黏合在一起。在分析的某个片刻，防御保持沉默，本能的表象可以自由闪现，自我和分析师在此时相安无事。

不言而喻，阻抗的种类并未穷尽分析阻抗的可能性。如我们所知，伴随着所谓的自我阻抗，存在着另外一些复合的移情阻抗，以及在分析中很难克服的，根源于强迫性重复的对抗力量。不是所有的阻抗都是自我防御的结果。但是，如果防御仅作为对分析工作的阻抗存在，那么每一个自我防御都可能针对本我而存在。对自我阻抗的分析给了我们一个很好的机会，来观察活生生的无意识自我防御行为，并将其意识化。

情感防御——自我和本能之间的斗争并非唯一能够将自我行为更细致地观察到的机会。自我并非只存在于与本能衍生物的斗争中，这些衍生物从最深处意图进入意识，并寻求满足。在面对那些与本能冲动相关联的情感时，自我展现出积极和富有能量的抵抗。在拒绝本能索求时，自我总是仔细辨认情感的种类。伴随着性欲化愿望的爱、渴望、嫉妒、委屈、痛苦和哀伤，伴随着攻击性愿望的憎恨和愤怒在本能索求被阻止时，必须由自我来尝试各种方式的控制，即转化。在分析之内或分析之外，只要情感的转换出现的地方，自我就会活跃起来。任何地方都有机会对自我行为进行研究。我们知道，情感的命运并不简单地和本能表象一样。但是，自我提供的防御明显带有限制性。不同个体的自我偏向于不同的生活阶段和与之相符的结构，以及这样和那样的防御方式，如压抑、置换和反向形成等。这些防御既针对本能进行斗争,也防御着与情感的联接。一旦我们知道病人是怎样防御本能冲动出现的,即病人习惯于什么样的自我阻抗,那么我们就会有这样的图像,这些病人是如何对待他们自己不受欢迎的情感的。如果在其他病人那里,情感变化的形式特别清晰,情感被完全压制时,我们不会特别地惊讶,他们使用相同的防御方式来防御他们的本能冲动和自由联想。在那些防御的斗争中,自我或多或少地使用着可以使用的方式。

持久的防御现象——自我防御研究深入的领域是威廉·赖希所说的"持续的阻抗分析"[1]。身体姿势,如僵硬和呆板,刻板的微笑、轻蔑、讽刺和傲慢的行为特点是早前活跃的防御过程的遗迹,这些遗迹是自我在原初情境中,解决和本能或情感对抗的残留物,并逐渐形成了一种性格特征,赖希将之称为"性格盔甲"。当我们在分析中成功地回溯到历史起源时,自我的僵化逐渐松解,并突破固着的藩篱,鲜活的和现实的防御将重新建立。因为防御形式持久的存在,所以,不太可能将内在伴随本能和情感变化的自我活动的出现和消失与外在的研究情境和情感动因联系起来。因此,自我的分析是艰辛的。我们在此只能将其推进到分析的前景中,在那里基本上难以发现自我和本能、情感的激烈斗争。我们当然更无权在分析中将其名之为阻抗分析,尽管分析必须涵盖所有的阻抗。

症状构成——在神经症症状构成的研究中,我们再一次在巨大的固着中发现了那些防御的方式。在分析中,这些方式可以从生命之河的自我阻抗、本能防御和情感转换中,从持久固定的性格盔甲中被我们所获知和意识化。我们称之为症状的自我妥协部分存在于针对特定本能诉求的特定防御模式的固着中,它们固着在刻板的本能索求中,以同样方式反复重现。我们知道[2],特定的神经症存在特定的防御方式,比如,癔症的压抑,强迫症的隔离和抵消。神经症和防御机制之间固定的关系延伸到了情感防御和自我阻抗的领域。在特定病人的分析中,如何对待他的自由联想呢?他是如何克制本能诉求的?他是如何防御不受待见的情感的?这些都是形成症状形式的原因。另一方面,对症状的研究使我们能够推断出,病人阻抗的结构,以及他对情感和本能的防御。在癔症和强迫性神经症的情况下,我们最熟悉这种并行性,特别是在症状的形成和阻抗形式之间尤为明显。在与本能斗争的症状中,癔症病人首要使用的防御是压抑:他从意识中抽离了代表性欲诉求的表象。如此,便符合针对自由联想的阻抗形式。自由联想产生的念头很容易被自我防御消除。病人在意识中仅仅感受到了空白。他保持沉默,也就是说,就像本能流动中的症状一样,自由联想出现了中断。从强迫性神经症的自我中,我们可以知道,自我在症状的构成中使用了隔离的防御机制。它只是撕裂了意义之间的联系,同时在意识中获取了本能的冲动。因此,强迫性神经症病人的阻抗是另外一种类型。强迫性神经症并不保持沉默,他在阻抗中言说,但是他撕裂了他的意念、孤立的表象与情感之间的关系。这样,他在自由联想中呈现出来的空白也是一种无意义的情境,就如他的强迫性症状一样。

分析技术中的本能防御和情感防御——一位年轻的女病人因严重的惊恐状态寻求分析性治疗,严重的焦虑妨碍了她的生活和学习。尽管她是在母亲的催促下来到这里的,但是,她很乐意讲述她过去和现在的生活状况。她在女性分析师的面前是友好和开放的。需要注意的是,她在她的表述中小心地回避任何有关她症状的信息。在分析之间的惊恐发作也没有提及。当分析师在分析中意图强行谈及她的症状或者给予惊恐以解释时,病人友好的态度发生改变。她抓住每一个机会,向分析师倾倒讥讽和嘲弄。病人与母亲建立紧密联系的尝试彻底失败了。

这位年轻女孩和她母亲之间意识和无意识的关系显示出另外的景象。不断出现的讥讽和嘲弄使得分析师毫无办法,也使得病人无法继续分析。深入的分析后的结果是,这些讥讽和嘲弄完全不是移情反应,也不是因为分析情境而产生。这位女病人用这样的方式来防御她情感生活中温情的、渴望的和令人害怕的情感出现。情感的压抑越是强烈,她对自我的讥讽就越是粗糙和低劣。分析师将这些防御的反应方式仅仅看做是继发性的,因为这代表着恐惧情感意识处理的请求。当这些防御通过其他方式被预计到的时候,恐惧内容的解释将不起作用,只要临近情感,防御就会增强。只有在情感防御通过病人生活中自动起作用的贬低方式上升到意识或表现在行为上时,我们才有可能在分析中将恐惧的内容意识化。病人通过讥讽和嘲弄的情感防御显示出对死去父亲的认同,她的父亲为避免被控制情感的爆发而使用讥讽的方式来教育她。在这里,情感防御的方式也固着在对深爱的父亲的怀念中。技术性的方式是要通过分析中的事件去理解情感防御,解释移情中的阻抗,并开始分析病人早先的恐惧。

本能防御和情感防御,以及症状构成和阻抗之间的平行关系将是儿童分析中很有价值的技术视角。儿童精神分析的技术不足是因为自由联想的缺位。放弃自由联想并未显得那么严重,因为我们把自由联想中呈现的代表本能的表象视为最重要的本我信息的来源。那些本我冲动信息的逃脱很快就会被其他方式重新获得。儿童的梦和白日梦,游戏中的幻想,以及他们的图画等更开放和可接受性地显示出本我冲动,就如同在成人分析中,我们可以在自由联想中获得本我衍生物的呈现。但是,随着分析基本原则的缺失,围绕基本原则的斗争也就消失了。然而,从这些斗争中我们可以在成人分析中获得自我阻抗的知识,同时亦可获知自我对本能延伸物的防御行为。因此,儿童分析存在这样的危险,虽然我们可以获得丰富的本我信息,但是我们较少地可以获得对儿童自我的了解。

英国的儿童游戏分析以一种直接的方式替代了自由联想的缺失。它将儿童的游戏行为等同于成人的自由联想,以相同的方式使用它来进行解释。自我联想等同于不受打扰的游戏过程;游戏中的中断和阻碍等同于自由联想的障碍。对游戏中出现阻碍的分析一定代表着自我防御的部分,这一部分也会在自由联想中出现。

从理论基础,或是从象征解释的连贯过程的思考中,我们放弃将意识意念和游戏行为等同起来的做法。因此,在儿童分析中我们必须寻找新的技术性替代方法,服务于自我分析。对我来讲,对儿童情感转变的分析可以获得一个新的位置。儿童的情感生活比成人更容易和更简单地看到。我们观察到,在分析情境之中或之外,是什么作为儿童生活中情感表达的契机的。儿童因何而退出游戏?那一定是感受到了嫉妒和伤害。人们须满足他们的愿望,必须让他们感到高兴。儿童等待着惩罚,那将是令人焦虑的。如果一个期待和承诺的愿望突然被延迟或被拒绝,儿童一定会感到失望。我们期待,儿童正常情况下在某个特定的场合对特定的情感做出反应。与我们期待相反,我们的观察显示出最不一样的景象。儿童表现出漠不关心,而不是失望;玩得很高兴,而不是受到伤害;十分的温和,而不是嫉妒。在所有的这些情况下,某些扰乱正常过程的情况不见了,我们可以回溯情感变化的和来自自我方面的对抗也消失了。是否它们转到了对立面,推迟出现,或者完全压抑了?这些情感防御形式的分析和意识化教给我们某些有关儿童自我分析的特殊技术,给出了不同于阻抗分析的、有关儿童对抗本能的和在症状中的行为的答案。在观察情感过程中,不管儿童是否自愿合作,乐意或不乐意,我们都应该保持完全中立,这对儿童分析情境来说是相对重要的。当儿童不愿意表露自己的时候,情感自身也在表达。

例如,当一个小男孩屈服于阉割焦虑时,每次他都会出现战斗的冲动,他必须穿上军装,装备玩具军刀和步枪。在观察到更多的类似时刻后,我们假设,小男孩将他的恐惧转换到了他的反面,即攻击的欲望。我们很容易得出这样的结论,攻击行为的背后隐藏着阉割焦虑。我们不必惊讶地认为,他是得了强迫性神经症,他在本能生活中倾向于将不受欢迎的冲动转换到对立面。一个小女孩对一个令她失望的情境反应时,是根本让人看不出来的。所有的反应只是嘴角的抽动。她显示了她自我的能力,可以将不受欢迎的心理过程消除,并进行替换。我们也不必再次惊讶地认为,她在与她的本能斗争中出现癔症性反应。潜伏期的女孩可以成功地将她对弟弟的阴茎嫉羡进行压抑,同时,在分析中也特别困难地能寻其踪迹。

  分析的观察显示,这位女孩在每一次可能感受到她对弟弟的羡慕或是嫉妒时,她就开始进行一个奇特的幻想游戏。在游戏中,她扮演一个巫婆,通过她的动作可以改变和影响到整个世界。同时,她也将她的羡慕转向反面,并高度强调自己拥有神奇的能力,避免了她会尴尬地意识到自己幻想层面的身体缺陷。在转换到反面的防御中,她的自我使用一种针对情感的反应方式。这样,她对抗本能的行为就像强迫性神经症一样了。从这里开始,分析很容易得出结论,魔力的出现意味着阴茎嫉羡的存在。我们由此能够学习到的是,一种自我防御语言的翻译技术,它完全适用于自由联想中自我阻抗的分析。我们越是更好地将阻抗和情感防御意识化,我们就越容易理解本我。

第四章 防御机制

精神分析理论中的防御机制——我在前面三章反复提到的防御术语是精神分析理论中动力性观点最早的代表。它最早出现在1894年《神经精神病的防御》一文中,在后续一系列的著作中(《癔症的病因学》、《神经精神病防御的进一步评论》)用来指代自我应对痛苦的或无法忍受的意象和情感的功能。防御这个名词随后沉默,取而代之的是压抑。但是,这两者的关系显得很模糊不清。在《抑制、症状和焦虑》(1926)的补遗评述中,弗洛伊德重新使用这一旧有的概念。文中认为,重新使用这一概念具有确定无疑的优点:"人们因此确定,防御应为所有技术的一般性名称,自我在导致神经症的冲突中使用它。而压抑是一种特定的防御模式,它在我们的研究方向上第一次更好地被了解了。"[3]因此,压抑的特殊位置被明确地移除了,在精神分析的理论中作其他用途使用,它遵循"自我对抗本能诉求的防卫"倾向。压抑在某种意义上降格为"防御的特殊形式"。

有关压抑作用的新观点是由压抑执行的,一种针对刺激的特定防御。就压抑在精神分析中的熟知程度来讲,它综合了很多防御机制。

在《抑制、症状和焦虑》的补充说明中,包含了上一章我们的推测,"它加深了我们对特定形式的防御和特定情感之间密切联系的理解,如压抑和癔症"。作为强迫性神经症惯用的防御机制同时引申出退行、反应性自我改变(反向形成)、隔离和抵消等不同形式。

根据上述提示,我们不难完整地列举出弗洛伊德其他著作中的防御机制。在有关嫉妒、偏执和同性恋[4]的文章中,内射或者认同和投射作为自我的方式,对于那些疾病的防御方式来讲是非常重要的,我们将之称为"神经症机制"。在本能的规训中[5],我们把转向自身和反转冠以"本能命运"(Triebschicksale)加以描述。从可见的自我方面,人们必须将两个过程标注为防御方式;每一个本能命运的方式又回复到自我行为上。如果不存在经自我延展的自我抗争或者是外界强力,我们只能了解到每一本能的单一命运,即满足。除了九种在精神分析实践和理论中被熟知的和被详尽描述的防御方式(压抑、退行、反向形成、隔离、抵消、投射、内射、转向自身和反转)之外,还有第十种防御机制,即升华或本能目标的延迟满足,它更多地作为神经症的正常状态得以研究。

按照我们对自我与本能表象和情感斗争的暂时性理解,自我使用着十种不同的方式进行防御。分析实践的任务是要探寻,在自我阻抗和症状构成的个案中防御是如何发生的。

在个案中比较防御机制的成效——我选择了一位年轻女性的例子。她在生活中乐善好施,在家里很多兄弟姐妹中排行居中。她的童年充满了对年长和年幼兄弟的羡慕和嫉妒，这些情感在母亲再次怀孕时被激活。羡慕和嫉妒联接在一起，最终转变为对母亲的强烈敌视。因为和母亲爱的联接并不比恨微弱，所以，在她度过无法约束的暴躁阶段后，开始针对自己负面的冲动进行激烈的防御斗争。她害怕自己并不缺少的母亲的爱会因为自己憎恨情感的外化而丧失。

她害怕母亲的惩罚；同时她以最严厉的方式谴责自己压抑的复仇欲望。在那些焦虑情境中，以及在潜伏期变得更加激烈的内心冲突中，她的自我应对方式呈现出不同模样。她推迟解决矛盾情感，只让一部分情感表达出来。母亲仍然是爱的客体。从那时起，在小女孩的内心就存在第二个重要的女性形象，这一形象被强烈地憎恨着。这使她更容易去处理内心的冲突。对陌生客体的憎恨由内疚进行监控，而不用直面对母亲的憎恨。但是，那些被移置的恨还是给自身带来了压力。这一最先的移置在后续的过程中证实为一种不充分的克制状态。

女孩的自我开始运作第二种机制。完全被视为外在世界的恨转向自身。她用责难和自卑折磨着自己，从儿童时期、少年时期一直到成人时期，不断贬损和伤害自己，把自己的生活中的要求不断地置于他人之后。当防御机制起作用时，从外在看起来，她具有受虐特质。

但是，这些方法对于克制来讲并不足够充分。病人开始投射。她对爱的女性客体或者替代客体的恨转换为这些客体对她的憎恨、歧视或者支配。她的自我因内疚而感到释怀。她将对周围人的坏情绪转变成内疚，从一个糟糕的孩子变成了一个受到折磨的、受歧视和顺从的孩子。

使用了这些机制之后,她的行为保持了一种偏执的状态,这给她的青春期和成人期造成了特别的困难。

这位女病人在完全成人后第一次来我这里寻求分析。尽管她外在看起来并非病态,但她承担了很多压力。她启动的所有防御努力没有成功地应对焦虑和内疚。她抓住所有的机会,面对那些羡慕、嫉妒和恨,总是一遍一遍地重复防御的行动。但是,情感的冲突始终没有结束,她的内心永无宁日。她所有斗争的结果都是微不足道的。对她来讲,能够成功的是保持对母亲的爱的幻想。但是,她内心充满了恨、蔑视和不信任。她没有成功的是,爱的能力的感受不能够保持下来,这些被投射性机制所破坏。她通过转向自身的防御承受着所有的痛苦,降临她身上的是那些她期待的母亲的惩罚。她使用的三种防御机制并没有阻止她持续体会到不安、警觉、被侵占和强烈的痛苦。

让我们比较一下癔症或强迫性神经症相对应的机制。它们的任务是一致的:处理起源于阴茎嫉羡的,对母亲的恨。癔症是通过压抑来完成的。对母亲的恨将从意识中抹去,所有可能的衍生物将阻止进入自我。当转换的功能和躯体的反应出现时,攻击的冲动,与阴茎嫉羡联系的性欲冲动将转化为身体的症状。在其他的例子中,通过恐怖性回避,自我保护着自己,并应对原发冲突的活化。自我限制了自己的活力,防止遭遇到压抑之物重新出现的所有情境。

强迫性神经症同样在开始的时候,通过压抑来防御对母亲的恨和阴茎嫉羡。接下来,自我通过反向形成来防御压抑之物的重现。对母亲有攻击性的儿童显得十分体贴入微,关注母亲的生活,而羡慕和嫉妒则通过无私和关怀向其他方式转换。强迫的行为和预先应对的措施保护了爱的客体免受攻击的爆发,一种严格的超道德之眼监视着性欲的外化。

那些通过癔症性或强迫性神经症性的方式处理婴儿冲突的儿童,看起来比这位女病人更具有病理性。通过压抑,她拥有的情感生活的一部分失去了。和母亲与兄弟之间原初的关系,对自身女性身份很重要的关系在进一步的意识加工中消失,并固化在强迫的和稳定的反应性自我变体中。大部分行为消耗在维持对抗中,压抑则是对后续生活的保证。通过对生活中重要行为的阻碍和减弱,能量的消耗变得引人注目。但是,这些孩子的自我用伴随病理性结果的压抑来解决他的冲突,自我最终趋于平静,它承受着神经症的后果,而这一后果正是压抑造成的。但自我至少要达到转换型癔症和强迫性神经症的程度,才能减少他的焦虑,满足容纳他的内疚情感和满足他的惩罚需要。所不同的是,在这个案例中,如果自我使用了压抑和症状形成就能完成减轻冲突强度的任务,而如果它采用了其他的防御方法,它仍然需要处理这个问题。

本文描述的压抑和其他防御方法往往是两者在一个相同的情况下的组合。我选取另外一个女病人的例子来说明。在儿童时期的开始阶段,这位女孩对其父亲有强烈的阴茎嫉羡。

在咬下父亲阴茎的愿望中,这个阶段性欲化的幻想达到了顶点。这种情况下自我的防御开始起作用。令人讨厌的表象被压抑。幻想转换成对所有不快东西的吞噬,随后发展为儿童的进食障碍,同时伴随着癔症性恶心感的发展。在这一过程的另外一侧,口欲的幻想被掌控。攻击性愿望,即剥夺父亲或其他替代者的愿望,在意识中还会停留一会,直到逐渐形成的超我唤起了自我的道德防御。然后,掠夺的欲望在延迟机制的帮助下转化为知足和平庸的形式。两种不同防御方式作用的结果是癔症性神经症的基础,伴随着特殊的自我变体,其间已无病理性特征了。

当我们在其他案例中进一步探究不同机制的作用时,从上述案例中我们获得的印象将会深化。压抑需要在防御的普遍概念的理论隶属中确定为特殊的防御形式。就其作用的效力来看,压抑仍然是普遍意义上的方式,而不仅仅是特定的功能。它执行功能的数量远大于其他的防御方式,也就是说,它能够防御更强的本能冲动,比其他防御更强大。它的作用是独特的,作为可靠的屏障而存在,并进一步作为持续的能量装置存在。相应地,它的机制必须用新的方式应对新出现的本能。但是,压抑并非最有效力,相反也是最危险的防御机制。自我通过意识的消除将整个情感和本能的生活分离出去,必定会破坏人格的完整性。

因此,压抑是妥协和神经症形成的基础。其他防御机制的效力并非不重要,当它们的强度增强时,它们更多的保持在正常的临界面。它们在自我无数次变化,扭曲和变形中呈现自己。

编年史的研究——当人们认识到压抑的特殊位置时,其他防御机制给人这样的印象,形形色色的机制可以在一个概念下联合起来。像隔离、抵消、退行、反转和转向自身这样的机制真正地伴随着本能演变的过程。以某些视角看,自我在不同机制中做出了选择。压抑可能首要地和性欲化愿望做斗争,而其他机制则针对其他本能,特别是攻击性冲动。其他防御机制可能不得不完成压抑遗留下来的任务,或者压抑未能处理的令人厌恶的表象。[6] 或许,每一种特定防御机制对应着本能应对特定的任务,也和婴儿发展的特定阶段联系在一起。[7] 我已经不止一次引用了《抑制、症状和焦虑》一文中的附录部分,其中包含了对这一问题的答案。"很有可能,在自我和本我清晰地分离之前,在超我形成之前,心灵装置就会使用其他的防御方法,而这些方法已经达到了组织的各个阶段。"[8] 详尽的表达是:压抑存在于表象的延迟或爆发,以及意识自我中的情感。在自我和本我还在交互影响时,谈论压抑是没有意义的。人们可能会认为,投射和内射是区分自我和外在世界的方式。当自我发现外在世界不再那么容易改变时,自我的排出和外在世界的规整对于自我来说更容易办到。另一方面,当自我和外在世界的区分变得清晰时,外在世界内射到自我,使得自我更加丰富。[9] 但是这些从来就不会如此简单。投射和内射的结果是非常不清晰的。升华的防御机制在最高社会价值意义上延迟本能目标的实现,这一前提是承认或最低限度地了解那些价值意义,以及知悉超我的存在。压抑和升华可能在相对晚的时候才得以使用;投射和内射的引入取决于理论观点的当前状态。诸如退行、反转、转向自身等过程最终指向本能本身,与结构性的建构没有联系,它们和本能本身一样久远,或者和本能冲动与阻止本能满足之间的斗争一样久远。人们无须惊异,这些机制是在最早期就已经存在了。

但是,这些时间连续性的尝试与这样的经验相符合:最早的神经症性疾病表现在儿童时期就已出现,并具有癔症性症状,毫无疑问,它们和压抑存在着联系;另一方面,转向自身本能满足的真性受虐狂的表现在最早的儿童时期基本无处可寻。我们在自我和外在世界分化后使用了内射和投射。英国分析学派认为,内射和投射对于自我建构和自我与外在世界的区分起到关键作用。我们在此需要强调这样的事实,那些最不清晰领域的时间顺序仍涵括在分析理论中。超我是什么时候形成的?这样有争议的问题是一个很好的例子。目前有关防御机制的分类同样存在着质疑和不确定性。也许更好的做法是,无须继续防御机制分类的尝试,而是更好地研究防御情境的细节问题。

第五章　面对焦虑和危险的防御过程走向

本能带来的危险总是相同的。但是，为什么特定的本能被感知为一种危险？其中的原因各有不同。

成人神经症中因超我焦虑而产生的本能防御——是我们在分析中最早和最全面了解到的防御情境，它是成人神经症最基础的机制。在这里，本能愿望将被意识化，在自我的帮助下寻求满足。自我可能并不情愿，而超我执着地抗议着。自我和最高装置结合在一起，顺从超我采取所有方式阻击本能冲动。这一过程的特点是，自我从未视它抗击的本能为危险之物，它遵循防御的动机并不存在。因此，本能之所以是危险的，是因为超我禁止它的满足，它的出现将引发自我和超我之间的冲突。成年神经症患者的自我也惧怕本我，因为它惧怕超我。自我的本能防御是在超我焦虑的压力下实施的。

只要我们单独地研究神经症的本能防御，我们有关超我的观点就会变得十分深刻。在这里，超我看起来是所有神经症的发起者。它是一个扰乱者，不会让自我和本能之间达成友好的协议。超我呈递了理想的要求,禁止性欲和判定攻击的非社会性。它为性欲的放弃和攻击性的限制提供了一种方式,使得精神健康变得不那么容易获得。超我拿走了自我所有的自主性,让它成为愿望的执行者,使其敌对本能,不得享乐。对成人神经症防御情境的研究促使我们在治疗中格外重视对超我的分析解离工作。超我的减弱、减轻或分崩离析必须释放自我,以及至少从某个侧面舒缓神经症的冲突。超我作为神经症致病根源的观点同时也给了神经症预防以希望。如果神经症由严格的超我引发,那么教育需要避免一切极端超我的形成。那些会内化为超我的教育方式必须要温和;父母通过认同形成的超我应该包含了人性中真正的脆弱,以及与本我友好的姿态,而不是那些严格而没有落到实处的超道德观念;儿童的攻击性应该有机会向外表达,因为攻击性不会就此消失,否则它们就会向内在转换,在那里超我变得十分严厉。

如果上述教育方式得以实现,那么人们就会自发成长,无畏,非神经质,有快乐的能力,不被内在冲突所困扰。但这些消除人类生命中[10]所有神经症的愿望在教育实践中不能得以实现,在接下来的分析研究理论中,这一愿望再次从根本上被破坏。

婴儿神经症中真实焦虑的本能防御——婴儿神经症[11]防御的研究显示,在神经症形成的过程中,超我并非不可或缺的因素。成人神经症患者阻挡他们的性欲和攻击性愿望,不使自己陷入与超我的冲突中,儿童同样地对待他们的本能冲动,做到不与父母的禁止相悖。儿童的自我并非独立地与本能作斗争,防御的动机同样也不存在于他们自身之中。本能对他们来说是危险的，因为他们来自养育父母的满足是禁止的。紧跟本能满足之后的是限制、惩罚和威胁。儿童承受的是阉割焦虑，成人神经症承受的是良心焦虑。儿童的自我害怕的是本我，因为他们害怕外在世界。他们的本能防御是在对外在世界的焦虑或现实焦虑的压力下产生的。

儿童的自我因现实焦虑的推动，产生了同样的恐怖症、强迫性神经症、癔症和神经症性性格。就如我们在成人中看到的因超我焦虑引起的结果。这些观察再次证实了我们对超我力量的观点。我们意识到超我在自我焦虑的现实中占有一席之地。看起来自我因谁而焦虑对神经症的形成没有那么重要。我们的结论是，自我的焦虑一方面因外在世界，另一方面因超我而在行动中触发防御过程。在意识中呈现出防御过程最终结果的症状已经不能让人分辨出，它们属于哪一类型的焦虑。

两种防御情境的研究——现实焦虑的本能防御导致我们高度重视外在世界对儿童的影响，允许我们从另外一个方面保持对神经症有效预防的希望。如果有必要强调的话，我们时代的儿童会有更多真正的现实焦虑。害怕本能满足后的惩罚在我们的文化中大都没有出现。人们既不把阉割作为对禁止性性乐趣的惩罚，也不会把残害作为对攻击性行为的惩罚。但是，我们的教育方式仍然和遥远时代野蛮的惩罚相似，那些不良的预期和担忧作为遗迹重新被激活。乐观主义者认为，它应该有可能是为了避免远古时期的阉割威胁和暴力，尽管这些威胁和暴力并不使用在教育方式中，但仍然反映在成人的声色言行中。因此，人们希望，将我们的教育和这些旧惩罚焦虑之间的联系最终拆除掉。我们必须成功地以某种方式减少儿童的现实焦虑,改善他们的自我和本能之间的关系,婴儿神经症必须在很大程度上得以消除。

对本能力量焦虑的防御——但是,另一种精神分析的经验扰乱了上述方向的观点。人的自我在不受干扰的本能满足面前根本不是它合适的方式。也就是说,自我只要没有和本我区分出来,自我对本能就是友好的。只要自我从原初过程到次级过程,从快乐原则到现实原则进行发展,自我就如上面描述的那样,成为本能陌生的领域。自我对本能的不信任总是存在的,但在正常的条件下只是依稀可见。人的内心充满了各种纷繁的斗争,在自我对抗本能冲动的层面流向了超我和外在世界。

但是当自我背离更高的权力职责时,或者当本能冲动的诉求过度增加时,持续对本能的敌对状态将产生焦虑。"面对外在世界和本我力比多的危险,自我害怕着什么,这没有被说明。我们知道,这是压倒性或者是毁灭性的,但是,这是分析不能掌握的。"[12]罗伯特·瓦尔德(Robert Wälder)这样描述道:"它在组织中起到破坏性作用的危险将四处蔓延。"[13]自我对本能力量的焦虑不同于上述我们所论述的超我焦虑或者是现实焦虑。自我在活动中防御本能,这些活动就是为我们所熟知的神经症和性格形成的结果。对本能力量焦虑的防御机制最佳的研究之地是在儿童期的生活。在那里,分析性的教育和治疗可以有力地消除现实焦虑和良心焦虑的原因。在随后的生活中,我们到处都可能观察到这样的活动,突然增强的本能威胁到内在心灵的平衡性,这类似于精神病性状况开始时,在病理性基础上以正常或生理性方式出现的情形,比如青春期或更年期。

本能防御的具体主题——基于本能防御的三个基础(对超我焦虑、现实焦虑和本能力量的防御)在儿童期以后的生活中,按照综合性的原则产生了自我需求的动机。成人的自我期待将内在面临的冲动协调一致。其结果是形成了相互矛盾的冲突,如同性恋之爱和异性恋之爱、被动和主动等,亚历山大(Alexander)对此有详尽的描述[14]。在两种矛盾的冲动中,哪一个需要被防御或被允许,或者两者达成什么样的妥协,这些根据谁强谁弱的原则,在某一具体情形下进行决定。

我们识别的两种最早的动机(对超我焦虑的防御和对现实焦虑的防御)可以追溯到一个共同的基础。尽管存在超我或外在世界的抗议,本能满足仍然执意实现时,初级兴趣因为无意识的内疚情感和外在世界的惩罚而变得兴致缺乏。因两种动机引起的本能满足的防御必须同时符合现实原则。它们首要的意图是避免次级痛苦的出现。

情感防御的动机——本能防御得以识别的基础相对于情感防御的过程来说没有什么不同。自我通过某一指定的动机防御本能冲动时,一定也防御伴随本能释放过程中的情感。情感是什么?在这里并不重要,情感可能是兴致盎然的、痛苦的或对自我具有威胁性的。

情感防御的基础来自自我和本能之间的战争。在自我和情感之间还存在一种原初的关系,这种关系在自我和本能之间找不到相对应的部分。本能满足总是充满原始的欲望。但是情感以它的方式来看,并没有原始的欢乐或不快。如果自我对本能过程没有什么可以做的,对情感的防御也没有任何理由可以干预,那么自我将决定纯然地按照快乐原则对情感进行调节。它欢迎愉快的情感,避免陷入尴尬的境地。在与本能压抑的联系中,情感防御催生出焦虑和内疚。当与压抑的性冲动有关的情感,以及不愉快的情感,比如疼痛、嫉妒、哀伤出现时,自我就会迅速地进行防御。正性的情感可以通过自己愉悦的特性保持对来自自我禁止压力长时间的对抗,或者可以对突然的本能突破保持短暂的容受。

原初不愉快情感的简单防御对应于原初不愉快刺激,这些刺激来自外在世界,并进入自我中。接下来我们将看到,从儿童简单地遵循快乐原则的原初防御机制中,也可以引导出简单的技术。

在分析实践中的检验——人们在理论的表述中总结和整理的东西在病人的分析实践中,很幸运没有显示和证实更多的困难。在对防御过程进行分析性回溯时,我们将碰到一个特定的因素,它参与了防御的形成。当我们再次修通那些压抑时,我们将发现,压抑的建立过程中使用了大量的能量来建构阻抗的强度。

当在分析中将防御之物带入意识时,我们发现防御本能冲动的动机影响到病人的精神状态。当我们回溯因超我的压力而产生神经症的防御时,我们将发现,被分析者感受到了内疚,即来自超我的焦虑。当我们在分析中促使儿童再次感受到被防御的不愉快的情感时,儿童将感受到强烈的反感,这些是由他的防御机制所促发。当我们最终整理因本能激发的焦虑而产生的防御时,我们将得出这样的结果:自我防御期望将被按压住的本能衍生物自由地推进到自我的区域。

精神分析性治疗的观点——防御过程的概貌清晰地向我们展示了分析性治疗中不同种类的可能着力点。分析的过程使防御得以回溯,迫使被防御的本能冲动或情感以新的方式进入意识中,促使自我和超我在更好的基础上进行沟通。更好地解决冲突的前提条件在于,本能防御事先来自超我焦虑。当超我通过对认同的分析和对攻击的分析之后,转变成了一种公开的理性诉求时,在这里,冲突变成一种真正的内在精神性的特质。自我对超我的焦虑因此而减少。所以,再无必要将防御机制以病理性结果呈现在行为中。

但是,婴儿神经症是对现实焦虑防御的结果,其在分析性治疗中存在着良好的预后。最简单和不具分析性的方法是分析师尝试通过对儿童防御过程的回溯影响儿童的现实,即他们的父母,减少他们的现实焦虑。这样,儿童的自我没有必要强烈地反对本能,也无须建立强烈的本能防御机制。在其他的分析性例子中我们可以看到,防御带来的焦虑属于过去的真实经历;自我认识到,它没有必要再对过去的真实经历感到害怕。还有一些情况再次证明了过去被放大、粗糙和失真的强烈的现实焦虑不再真实地存在。现实的焦虑将在分析中作为幻想性焦虑被标示出来,没有必要再为此进行防御。

尽管为防止无聊产生的情感防御回溯也是精神分析的任务,但儿童也必须学会承担巨大的无聊,而不是很快地唤起防御机制来消除它。我们也认识到,理论上对儿童的教育也是儿童分析的任务。只有病理性状态由防御引发。当焦虑因本能的巨大而被唤起时,分析性的努力就显得十分羸弱。对防御的回溯给自我带来了危险,但是没有这样的危险也可能同时带来帮助。分析师在分析中使害怕本能冲动意识化的病人安静下来,经常使用这样的保证,意识化的冲动是不危险的和可以控制的,就如在无意识状态中的倾向一样可控。对本能焦虑的防御情境是一种分析师无法预测的状态。自我和汹涌的本我之间真枪实弹的斗争就如精神病样的发作一样有大量的事务需要处理。自我在斗争中只渴望力量。只要分析能够在无意识本我意识化的过程中给予力量,那么它就会起到治疗作用。只要分析通过无意识自我行为的意识化揭示防御过程和外化行为,那么它将弱化自我,缩短病程。

第二部分

回避现实痛苦和现实危险（防御的前体）的例子

第六章　幻想中的否认

到目前为止,我们在精神分析的工作中所了解到的防御方式最终服务于自我对本能生活的斗争。它们通过三种焦虑在自我主导的行动中来完成,这三种焦虑是:本能焦虑、现实焦虑和良知焦虑。简单的对本能冲动的斗争都可能触发防御。精神分析研究的发展路径从本我和自我机构之间的冲突(癔症、强迫性神经症等)转化到自我和超我(抑郁症)之间的冲突,转化到对自我和外在世界冲突的观察。在所有冲突的情境下,本我选择某一部分给予接受。每一次正在防御的和已经防御的保持着稳定,变化因素来自那些强力,在这些强力的压力下自我引发了防御反应。每个防御机制总是保障自我的安全,积蓄无趣的感觉。自我的防卫行为并不只是引发内在的无趣。在内在危险的本能刺激被识别的同时,来自外在世界的无趣也将被识别。它与外界保持紧密联系,赠予它爱的客体,让它远离某种印象,这一印象记录了它的感知,加工了它的理解。外在世界作为幸福的源泉和兴趣之地对自我越是重要,就越是有可能让它体会到无趣的感受。儿童自我大部分时间遵循快乐原则,直到他们能够承受无趣的感受。这时候个体还是太脆弱,不能主动面对外在世界,不会用身体力量进行防卫,无法按照自己的意愿进行调整。他们习惯于和身体直接联系在一起,这样可以摆脱困境;同时他们缺乏理解力去理解不可回避的事物,并应对它们。在未成年和依赖时期,自我独立于对本能刺激应对的尝试,使用各种防御强度应对真实的无趣和危险。产生于神经症研究的精神分析学说使得我们易于理解这些现象,分析性观察总是集中在本能和自我内在斗争上,这些斗争的结果就是神经症状。儿童的自我直接防御外在世界的影响以避免不快的活动,这属于普通心理学的范畴。它们对自我和性格的形成极端重要,但不是病理性的。我们在临床分析中描述的自我功能,看起来并不是我们最初的研究对象,而只是观察的副产品。

我们再次使用小汉斯的动物恐惧症作为例子,来说明临床上内在和外在防御过程的特点。我们知道[15],这位小男孩的神经症是以俄狄浦斯情结的冲动为基础的。他爱他的母亲,因嫉妒对父亲存在攻击的态度,同时因父亲温和的爱而又一次陷入冲突中。对父亲的攻击唤起了小汉斯的阉割焦虑,这种焦虑作为现实焦虑被感知到,启动整个本能防御的装置。他形成神经症的方式是将父亲的焦虑转移到对动物的焦虑,将父亲的威胁转换到对立面,即在焦虑中感受那种威胁。退行到口欲期,以及撕咬的状态同时出现,使得整个情形完全变形。机制的使用完全满足了本能防御的目的:被禁止的对母亲力比多的爱和对父亲的攻击完全从意识中消失。来自父亲的阉割焦虑同症状中对马的恐惧联系起来了;焦虑的发作可以在恐怖机制的帮助下，通过神经症性抑制，即通过放弃宣泄的方式得以避免。

小汉斯的分析任务是对那些防御机制的运作过程进行回溯。本能冲动重新从扭曲中得以解放，焦虑从马身上转移到父亲身上，进一步符合了真实的客体，这样焦虑减轻，并被认为是非现实的。对母亲爱的联接可以重新复苏，并在意识中呈现得更多，危险性也随阉割焦虑的消除而消失。阉割焦虑的消除使得退行也显得多余，生殖器阶段的发展也会重新来过。儿童神经症因此而治愈。

这么多防御过程的命运都跟本能生活有关。

但是，通过精神分析的解释，小汉斯恢复正常本能生活后，他仍然会受到一些困扰。真实的外在世界在他的眼里存在两个因素，这让他并不能马上习惯。他自己的身材，特别是他的性器官必然要比他父亲的小，他的父亲最终还是不可战胜的对手。在现实基础上，小汉斯的生活还将伴随羡慕和嫉妒。这两种情感还与他的母亲和姐妹相关，他靠母亲和他的姐妹对他身体的照顾而过得舒适，这样他真正地扮演了无法参与的第三者的角色。在我们的期待中也几乎不会出现这样的情况，这个五岁的男孩最终以更明白和理智的洞察力适应真实的挫折，并以更远的未来承诺来安慰自己。但无论如何，他一定要吞下愿望无法实现的果子，他最终获得意识的理解，并接受他婴儿期本能生活的事实。

在《五岁男孩恐怖症的分析》中，对小汉斯详尽的描述给了我们有关两种真实矛盾命运的信息。在小汉斯的分析的最后，弗洛伊德讲述了他的两个白日梦：汉斯像许多小孩一样幻想打扫和照料厕所，以及幻想一个装修工用老虎钳把自己安装得更大和更好。父亲和分析师很容易发现，汉斯内心真实不能实现的愿望完成了。至少在小汉斯的想象中，他现在拥有了像父亲一样的生殖器，并像他的母亲和姐姐一样可以有小孩了。

小汉斯因为有他的幻想而消除了街道恐惧的症状，最终获得了新的功能，恢复了好的心情。在幻想的帮助下，小汉斯成功地应对了现实，类似于他在他的神经症中成功地处理了他的本能冲动。我们可以看到，意识的理解在这种情形下没有起到作用。汉斯在幻想的帮助下否认了现实，根据自己的愿望为己所用，并得到自己的确认。在小汉斯的分析中，防御过程的结果看起来，从那一刻起，他神经症的命运已确定，在其中他将自己的攻击性和对父亲的恐惧转移到马身上。但是，这一印象具有欺骗性。这种将人类客体替换为动物的方式的本身并不是一个神经症性过程，在正常的儿童发展过程中经常出现，而且在其中还可以发现很不一样的形式。

我观察到一个七岁小孩有如下的幻想：他是一头被驯服的狮子的主人。狮子令所有人感到害怕，而只钟爱他一人，听从他的指令，像一只狗一样任何地方都跟随着他。他对这头狮子负起责任，照料它的饮食起居，晚上还为狮子在自己的房间里安排一张床，让它和自己一起睡。和其他白日梦一样，许多奇妙的片段从这一基本的幻想中生发出来了。比如，他幻想自己参加一个化装舞会，他准备带上那头化装为朋友的狮子。

当舞会中的人发现他的秘密之后,小男孩陶醉于这样的想象中,那些人该有多么的害怕啊。同时,他觉得他的害怕是多么没有根据。只要狮子在他的控制下,狮子就是没有威胁的。

在这位男孩的分析中,很容易得出这样的结论,那头狮子就是他父亲的替代物。他和小汉斯一样是父亲真正的对手,充满恨和恐惧。攻击性的转换,以及将父亲置换为动物对于这两个小孩来讲都采用了相同的方式。之后的处理加工方式他们会有所不同。汉斯因对马的恐惧而形成了他的症状,也就是说,他放弃了本能的满足,内化了冲突,从诱惑情境退出。我的病人更轻松一些。他像装修工幻想中的汉斯一样轻易地否认痛苦的事实,在狮子幻想中转向了愉悦的对立面。令人害怕的动物被当作了朋友。令人害怕的动物现在服务于这位男孩,而不是令他感到恐惧。甚至只是在情节中其他人想象的恐惧就可以提示,狮子的过去都可能成为恐惧的对象。[16]这里我再呈现一个十岁病人的动物幻想。这位十岁男孩的生活中,动物在某个特定的时期对这个男孩起到了压制性的作用,男孩的白日梦占据了他日常的大量时间,对其中某些片段他还进行了记录。在幻想中他拥有一个庞大的马戏团,同时他还是驯兽师。在他的领导下,原本天然敌对的野蛮动物和平地相处在一起。他教导它们和平相处,并要求人们保护它们。在驯兽表演的时候,他不使用鞭子,只是赤手空拳和动物们在一起。所有动物幻想的重点在下面的故事中。在马戏团表演的某一天,所有的动物聚集在一起。突然,观众中跳出一个匪徒,掏出手枪向他射击。动物们很快联合起来执行它们的职责,小心地制服匪徒,而其他人毫发无伤。接下来的幻想描述了,那些动物是如何表达对主人的忠诚,如何惩罚、囚禁匪徒的。因为此次胜利,一座巨大的高塔为匪徒而建立。它们将匪徒带到塔内,让他必须在里面待上三年。在最终释放的时候,匪徒必须接受一群大象用鼻子殴打,最后还必须举指宣誓,永不再犯。男孩认为,只要他和他的动物在一起,匪徒就不会再做这样的事情了。在描述了匪徒忍受动物对他所做的一切之后,还有一些奇怪的结束语作为保障:动物们在囚禁中很好地对待了匪徒,以至于他再也不会拥有威力了。

在动物幻想的帮助下,对父亲矛盾情感的加工在马戏团幻想中演进了很多步。同时,令人害怕的父亲的现实在幻想中翻转为保护性的动物。另外,危险的父亲客体的形态仍然部分地放置在匪徒的身上。在狮子的故事中有一点不十分明确,父亲替代者保护了谁?他扩展了小男孩对其他人的看法。但是,在马戏团幻想中很清楚的是,付着于动物身上的父亲力量自己行使了从父亲那里呈现出来的保护。强调动物的野蛮表明了他过去的恐惧客体的再现。他们的力量和机敏,他们的大鼻子,以及举起的手指很明显属于现实中的父亲。这一幻想将意义丰富的象征赋予父亲,并且小男孩象征性地打败他的父亲。幻想也转换了相互的角色。父亲被警告永不再犯,而且必须赔罪。很明显的是,那些通过动物强力给予小男孩保证的允诺仍然和这些动物息息相关。幻想的最后一段,对匪徒的供养片段显示了对父亲矛盾情感的另一面。白日梦必须让人能够平静下来,尽管有很多攻击性,父亲的生活完全没有那么地令人可怕。

这里描绘的两个小男孩的白日梦呈现出来的动机并不是他们独有的,我们在女孩子和儿童文学中都可以发现。[17] 就此,我想到了童话中猎人和动物的故事:一位猎人因为一个小的失误被邪恶的国王解雇了,他被驱逐到了森林里。他必须离开,带着愤怒和悲伤穿过那片森林。在那里他接连碰到了一头狮子、一只老虎,还有豹子和熊等等。每一次他都瞄准它们,以便射杀它们。让他感到惊奇的是,每一次动物都开口讲话了,请求他放过它们:亲爱的猎人,让我活下去吧,我可以给你两个幼崽!每一次猎人都有所获,然后带着赠送的幼崽继续前行。就这样,猎人收获的庞大的一群动物幼崽跟随着他,他意识到自己拥有了强大的军队,带着这些军队他来到了国王的首都,兵临城堡下。国王害怕猎人的动物军队对他发起进攻,他答应给予猎人赔偿,分给他一半的财产,允诺把女儿嫁给他。在这个猎人的童话中,我们不难看到与父亲作战的儿子形象。决斗在这里起到反转的作用。猎人放弃了对动物的攻击,这些动物是父亲的第一次替代者。作为回报,他获得了代表动物力量的童子军。在这些强大力量的帮助下,他打败了他的父亲,迫使他的父亲让他获得一位妻子。在这里,幻想翻转了现实状况:一个强大的儿子对抗他的父亲,这位父亲此时变得虚弱,退让求和,并且满足了儿子的所有愿望。这个童话中使用的方式和我的病人的马戏团幻想中使用的方式没有两样。

在儿童文学作品中,我们也能找到上述狮子幻想的动物故事的副本。在许多儿童读物中,或许最为引人注目的故事是"小勋爵"[18]和"小上校"[19]，我们发现一位小男孩或小女孩的形象，他们不同寻常地"驯服"了一位坏脾气的、令全世界都害怕的、富有的老人。儿童有自己独特的感受方式，他们也会获得爱，尽管他们也讨厌所有的人。那些无法被制服和不能控制自己的老人最终被小孩子所驯服和影响，并被引导着为其他人做出有利的事情。

这些故事通过对现实情境完全的翻转来获得令人期待的结果。儿童看起来不仅仅是强大父亲形象（狮子）的拥有者和支配者，而且比他周围的人更加优越。儿童也是一位教育家，他逐步地将邪恶转化成仁慈。我们应该记得，第一个幻想中的狮子被驯服，不再对人类攻击，马戏团的驯兽师必须让动物控制攻击人的冲动。对父亲的恐惧在童话中和在动物幻想中的命运是一样的。儿童对他人的焦虑发生了转换，他们让自己平复下来了。而且，在这种转换的情境中，他们还获得了愉悦。

在小汉斯的两个幻想和我的病人的动物幻想中避免现实的不适和恐惧的方式是非常简单的。儿童的自我拒绝意识到令人不悦的现实。它首先从事实撤出来，并否定和取代那些令人不悦的想法。于是，幻想中邪恶的父亲变成一个保护性的动物，无助的儿童成了强大父亲形象的统治者。如果这个转变是成功的，孩子通过幻想，对某些特定的现实变得不敏感，那么自我就会免于焦虑，不需要采取防御措施来对抗它的本能冲动，并且免于神经症的形成。

这一机制属于婴儿自我发展的正常阶段，但如果在以后的生活中出现，则预示着精神疾病的一个高级阶段。在某些急性精神错乱的混乱状态中,病人的自我以这种方式向现实表现。在一种类似休克的状态下,比如突然失去了一个爱的对象,它否定事实,以令人愉快的错觉代替那些令人无法忍受的现实。

当我们将儿童的幻想与精神错乱的幻想进行比较时,我们就会开始明白,为什么人类的自我不能更广泛地使用这种简单而又极其有效的防御方式,来否认客观来源的焦虑和不愉快的存在。自我否认现实的功能和其他自我功能完全是矛盾的,对于自我而言,对现实的识别和批判性的验证是非常重要的能力。儿童早期这一矛盾并未显得突出。在小汉斯、狮子主人和马戏团主人的例子中,他们的现实检验能力是完好的。他们不会真的认为那些动物是存在的,也不会认为他们比自己的父亲更强大。他们在理智上可以很好地区分幻想和现实。但在他们的内心情感中,那些令人痛苦的事实被忽略了。他们将能量投注到幻想中,从想象中获得的快乐战胜了客观的不愉快。

很难讲,自我在什么时候失去在幻想的帮助下消除大量真实不愉快的能力。我们知道,在成人的生活中,白日梦有时作为扩展有限现实或反转现实的功能,发挥着自己的作用。但在成人的岁月里,做白日梦几乎是游戏的本质,是一种副产物,只不过是一种轻微的性欲投注;在大多数情况下,他可以掌控相当少量的不适感,或者让这个主题从一些次要的不愉快中得到一种虚幻的解脱。当童年的最初阶段结束时,白日梦作为一种抵御客观焦虑的手段的重要性就消失了。一方面,我们推测,现实检验的能力被客观地加强了,这样它就能在影响范围内保持自己的能力。我们也知道,在以后的生活中,自我对整合的需要使得对立双方无法共存。也可能的情况是,成熟的自我对现实的依附通常比婴儿的自我更强,因此,在这种情况下,幻想不再像早年那样受到高度重视。无论如何,在成人生活中,通过幻想获得满足不再是无害的了。一旦有相当数量的力比多投注参与其中,幻想和现实就不再友好相处了,变成了不是你死就是我活的境地。成人通过妄想的形式获得愿望的满足很快就落入精神病性的路径上去了。自我尝试通过否认来避免焦虑、本能满足的不能和成为神经症,这势必强化它的防御机制。如果这种情况发生在潜伏期,就会出现一些不正常的性格特征,就像我引用的两个男孩的例子一样。如果发生在成人生活中,自我与现实的关系将会受到极大的损害。[20]

我们还不知道,当它选择了妄想性满足并放弃了现实检验时,成人自我内部究竟发生了什么。它将自己从外部世界脱离,并完全停止对外界刺激进行反应。在本能生活中,对内在刺激的不敏感,只能在压抑机制的帮助下实现。

第七章　言语和行为中的否认

儿童期的自我在很多年的时间里都能够摆脱令人不悦的现实影响,并能保持现实检验能力。自我最大限度保持这种状态,不仅仅将自身限制在纯粹的想象和幻想中,即不光想,而且做。它利用了各种各样的外部物体来戏剧化地改变它的真实情况。当然,否认现实也是孩子们游戏的众多动机之一,尤其是角色扮演的游戏。

在这里,我想起了一位英国作家的诗。在诗中,幻想与现实同时在儿童英雄般的生活中,以一种特别令人愉快的方式描写出来(威尔内的《当我们还年幼时》)。在那个三岁小孩的房间里有四把椅子。当他坐在第一个位置上时,他是一个探险家,晚上航行在亚马孙河上。坐在第二把椅子上,他是一头狮子,一声吼叫,吓着了他的保姆。坐在第三把椅子上,他是一名船长,驾驶着他的船航行在海面上。但是,在第四把高椅子上,他试着确认他就是他自己,只是一个小男孩。我们不难猜测到诗人要表达的意思:营造一个快乐的幻想世界的要素来自孩子本身,但他的任务和他的成就承认并吸收了现实中的事实。

令人好奇的是,成人已经准备好在与孩子的交往中使用这些机制。他们给孩子们的很多快乐都是来自这种对现实否定的方式。即使是一个小男孩,大人也会说他是一个"大男孩",甚至宣称,他和父亲一样坚强,"像母亲一样聪明",是一个勇敢的"战士",或者像他的"大哥哥"一样坚强。可以理解的是,当人们想要安慰一个孩子时,他们就会诉诸这些事实的相反面。当孩子受伤了,大人们向小孩子保证"马上就不疼了",或者孩子讨厌的一些食物时,大人会说"一点都不恶心",或者,当有人离开了,孩子感到痛苦时,大人告诉他,"他或她很快就会回来"。有些孩子会记住这些安慰性的方式,公式化地来标记痛苦。例如,一个两岁的小女孩通过机械性的嘟囔:妈咪很快就会回来的,来处理母亲每次离开房间的事实。另一个小孩每次服用非常难闻的药时,都会痛苦地大叫"好喝,好喝",这样的短语是护士用来安慰他,让他感觉药物尝起来还是不错的。

成人给孩子们带来的许多礼物都以上述同样的方式发挥着作用。一个小手提包或一把小小的遮阳伞或雨伞,是为了帮助一个小女孩假装成一位"女士";一根手杖、一套制服和各种不同的玩具武器,让一个小男孩可以模仿男子气概。事实上,即使是玩偶,除了对其他各种游戏都有用外,也创造了母性的幻想。而铁路、汽车和砖块不仅满足了各种各样的愿望,而且提供了升华的机会,并在孩子们心中产生了他们可以控制世界的令人愉快的幻想。在这一点上,我们从防御和回避过程的研究转换到儿童游戏条件的研究中,这个主题在不同的理论心理学研究方向中被广泛涉及。

那些没有解决的各种幼儿教育方式的冲突（福禄培尔和蒙台梭利的教育方式）在这里可以找到更深层的理论基础。争论的根本点在于，教育的任务在多大程度上让幼儿对现实进行加工处理，教育在多大程度上允许儿童脱离现实并建构一个幻想世界。

那些自愿协助的成人在面对孩子将痛苦的现实转化为对立面时，通常会施加一个严格的条件。他们希望孩子在表达他们幻想世界时保持一定的界限。一个扮演马或大象的孩子在地上爬行，嘶叫或吼叫，但必须时刻准备着，在餐桌边坐下来，保持安静，举止得体。驯狮者必须自己准备好服从他的保姆，当成人世界最有趣的事情开始发生时，探险家或海盗必须被送去睡觉。成人希望在那一刻停止儿童的否认防御机制，在那时，幻想和现实的转换过程不能顺利流畅地完成，试图塑造他对幻想的实际行为，那一刻他的幻想活动就不再是一个游戏，而成为一个无意识行为或强迫性重复。

我观察到，一个小女孩并不知道性别差异的事实。她有一个年长的哥哥和一个年幼的弟弟。与他们的比较，对她来讲是不尽的烦恼和不悦，这迫使她采取可行的防御或加工方式。在她的本能生活中，暴露倾向同时扮演着重要的角色。从其他儿童的发展经历中，我们可以知道，这位小女孩一定会通过不同的方式实现她的愿望。她也许通过将生殖器转移到身体其他部位的展示来表达她的需要。她可能发展出对漂亮服装的兴趣，变得爱慕虚荣。她可能会让自己在训练和体操方面表现出色,作为她兄弟阴茎的象征性替代品。在现实中,她选择了一条捷径。她否认了自己没有阴茎的事实,省去了寻找替代物的麻烦。从那时起,她就有了一种冲动来展示这个不存在的器官。[21]在身体方面,她不时地掀起裙子向人展示。这意味着,"你看,我有这么漂亮的东西"。在她的日常生活中,她会在每一个可能的场合吸引其他的人,来欣赏一些根本不存在的东西。"来看,母鸡下了那么多的蛋!""你没有听到吗?叔叔开了一辆车过来了。"实际上,没有人把鸡蛋放在里面,也没有任何他们热切期待的汽车开过来。起初,她的长辈们用笑声和掌声来迎接这些笑话。但是,在兄弟姐妹面前,这种突然而又反复的失望使她泪如泉涌。她在这段时间的行为可以认为是介于游戏和沉迷之间的状态。

我们在上一章七岁的雄狮驯兽师身上看到了同样的过程。正如他的分析所表明的那样,他的幻想不仅代表了对不愉快和不安的补偿,还代表了一种试图控制他全部阉割焦虑的企图。他的否认力量占据着优势,直到他再也无法实现把焦虑的对象转变成支持性或服从性的朋友时。他积极继续尝试,贬低所有使他害怕的东西的倾向增加了。他的焦虑成为一种嘲笑的对象,因为他周围的一切都是焦虑的来源,整个世界都成了荒谬的一面。他以开玩笑的方式应对持续不断的"阉割焦虑"压力。一开始,这种行为只会让人觉得很好玩,但这种强迫的性格被人背叛了,因为他从来没有摆脱焦虑,除了在开玩笑的时候。如果他试图以一种更严肃的精神去接近外面的世界,他就会以焦虑的方式来为之付出代价。

那些自作聪明的小家伙们用父亲的帽子和拐杖扮演他们的父亲,这是很常见的现象,不足为怪。从我的一个小病人的病史中,人们发现了类似的行为,这些行为引发了大人们的不愉快感。他过去常常戴上父亲的帽子,四处走动。只要没有人干扰他,他就心满意足了。同样,在整个暑假期间,他背着装得满满的帆布包。和那个自作聪明的小家伙不同之处在于,我的小病人的游戏是认真和刻板的,因为每当他在房间里,吃饭或睡觉被迫取下帽子时,他的反应都是不安和不高兴的。

当这个小男孩戴上了一顶"成人"的帽子后,他重复了他父亲戴帽子的行为。他在任何地方都带着那顶帽子,如果不允许他把帽子带在头上,他会把帽子紧紧地抓在手上。不过,他发现,他的手会有其他用途。在某个场合,他很焦急地为他的帽子寻找一个存放之处,他发现皮裤的前门襟可以拿来一用。他毫不犹豫地把帽子放进裤子的前门襟,这样他的手可以空出来,而且他可以放心地觉得,帽子可以一直跟随着他。帽子很显然去了象征意义上该去的地方:靠近他的生殖器。

在前面的叙述中,我试图用另外的名字来描述儿童的行为,这个名字就是强迫行为。从表面来看,它确实和强迫性神经症的症状非常相似。但是,当我们自己仔细考察时,他们在根本意义上并没有强迫行为。它们的结构完全不同于我们所知道的神经症的特征。的确,正如后者的形成一样,通往它们的过程始于一些客观的挫折或失望。但是,随之而来的冲突并没有被内部化:它保持了与外部世界的联系。自我求助的防御措施,不是针对本能的生活,而是直接针对令人挫败的外部世界。就像在神经症的冲突中,压抑禁止本能刺激的知觉,所以儿童的自我会诉诸否认,以避免意识到一些痛苦的印象。在强迫性神经症中,压抑是通过反向形成来实现的,它包含了被压抑的本能冲动的反面(同情而不是残忍,害羞而不是表现主义)。同样地,在我所描述的儿童时期,否认在幻想、言语或行为的帮助下翻转事实。强迫症反向形成的维持需要持续的能量消耗,我们称之为"反投注"。为了能够维持并表达儿童愉快的幻想,儿童的自我需要稳定持续地消耗能量。那个小女孩的兄弟在她的面前不停地表现男子气概时,小女孩也不断地回应:"我也有东西可以展示。"那个戴着帽子的小男孩的嫉妒总是被他周围的人不断地激发,所以他总是拿着帽子或帆布包来面对他们,并认为这是他男子汉气概的确凿证据。任何对这种行为的外部打断都会产生与真正的强迫行为被阻塞的相同结果。如果被压抑之物和防御之间的平衡被打破,被否认的外界刺激或被压抑的本能刺激将进入意识,并在自我中产生焦虑和不快乐感觉。用言语和行为来否认的方法在短暂的使用时受到了同样的限制,正如我在前一章中所讨论的与幻想中的否认具有一样的特点。[22]只要现实检验存在,并不被打扰,它就能一直为之所用。当成熟自我的组织具有综合能力时,这种否认将消失。当与现实的关系被严重干扰,现实检验的功能被破坏时,它才会重新出现。例如,在精神病性的妄想中,一块木头可能代表着病人渴望或失去的客体,就像孩子们用类似的东西来保护他们一样。[23]神经症的唯一可能的例外是强迫症的"护身符"。但是我不敢肯定的是,那些病人极力抓住的东西是否是一种针对内在禁止和外在危险力量的保护措施,或者可能是两种防御机制的综合体。

通过言语和行为进行否认的方法还会受到更多的限制,这和幻想中的否认一样。在孩子的幻想中,他是至高无上的。只要他不告诉任何人他的幻想,没有人有任何理由去干涉。另一方面,在言语和行为上的幻想需要外部世界的舞台。因此,他的这种机制的运用,是受外部条件影响的,他的戏剧化程度取决于他的戏剧效果,就像在内部受到了与现实测试功能的兼容性制约一样。举个例子,在那个戴着帽子的男孩身上,他在防守方面的成功完全取决于他能否在家里、学校和幼儿园里穿着它。另一方面,一般来说,人们判断这种保护机制的正常或异常,不是出于防御措施的内在结构,而是在于它的表现程度。只要这个小男孩的痴迷以这种帽子的形式出现,他就有了"症状"。他被认为是一个古怪的孩子,时刻处于失去保护的危险中。在他生命的后期,他对保护的渴望变得不那么明显了。他把帆布包和帽子放在一边,口袋里装着一支铅笔,心满意足。从那时起,他被认为是正常的。他已经调整了自己的机制来适应环境,或者至少他隐藏了它,并且不允许它与别人的要求相冲突。但这并不是说内心焦虑的情况有任何改变。因为否认了他的阉割焦虑,他依赖于一种流行的方式来携带他的铅笔。如果他碰巧失去了它或不愿与它一起,他就会遭受焦虑和不愉快的袭击,就像他以前遭受的那样。

焦虑的命运有时是由其他人对这种保护措施的纵容所决定的。也许这一点的焦虑就会停止并保持绑定在最初的"症状"上。如果尝试防御失败,可能会有进一步的发展,直接导致内部冲突,防御本能,并导向真实神经症。但是,试图通过孩子的拒绝现实来预防婴儿的神经症是很危险的。当自我过度使用防御时,将导致特殊的自我排泄、怪癖和习性。一旦原始的否认期最终过去,一切将积重难返。

第八章 自我限制

自我为避免外在和内在不愉快所采取的方法的并行性开始于否认与压抑、幻想形成与反向形成的对立,这使得我们进一步发现了另一种更简单的防御机制。伴随颠倒现实幻想之否认,这一防御机制在无法避免的痛苦的外部影响情境下运用。当一个孩子年纪稍大时,身体运动的更大自由和增强的心灵活动能力使他的自我能够逃避那些刺激,他没有必要去做如此复杂的心灵操作。为了避免觉察到痛苦的感受,事后又撤销对它的投注,自我可以更自由地选择不去面对危险的外部环境。自我可以潜逃,在最真实的意义上,"回避"不愉快的场合。回避的防御机制是如此的原始和自然,它与自我的正常发展是密不可分的。为了理论讨论的目的,把它从通常的环境中分离出来,并单独地考察,是不容易的。

在上一章那个戴帽子男孩的分析中,男孩给了我一个机会,我观察到他是如何回避不愉快感受的。一天,当他在我家的时候,他发现了一个神奇的画块,这很吸引他。他开始热情地用彩笔在纸上涂画,当我也这样做时,他也很高兴。但是,当他看了一下我画的画时,突然停了下来,神色恍惚。紧接着他放下铅笔,把画笔和画纸推到我面前,站了起来,悻悻地说:"你继续画,我宁愿看着。"很明显,对他而言,我的画看起来比他的画更好看,更有技巧或者更完美。这一比较显然给了他巨大的冲击。他立刻决定不再和我竞争,因为结果是不愉快的。于是,他就放弃了刚才给他带来快乐的活动。他扮演了旁观者的角色,他什么也不做,这样就可以不和别人比较。通过对自己施加的限制,孩子避免了对令人讨厌的印象的重复。

这一事件并不是孤立的。在游戏中输给了我,画的画也不如我,任何一个行为他都不能模仿,这些足以引发他的情绪突然改变。他变得消极,毫无兴致,自动地对自己所做的事情失去了乐趣。随后,他长时间地强迫性保持在一种让自己感到优越的位置上。显而易见,他在一年级刚上学时的表现与和我在一起时的表现没有什么区别。他一直拒绝和其他孩子一起参加任何游戏或课程,他对此并不十分自信。他会从一个孩子身边走到另一个孩子身边,只是"看看"。他把不快乐转化为快乐的方法已经发生了改变。他限制了自我的功能,并从令他感到十分不快的外在环境中撤出来,这极大地损害了他的发展。只有当他和比他小的孩子们在一起的时候,他才能摆脱这些限制,并对他们的行为产生了积极的兴趣。

在现代幼儿园和学校中,实行有利于学生自由选择学习的教学方式,但是,像那个戴帽子男孩的学生并不罕见。在那里工作的老师告诉我们,在那些聪明的、兴致勃勃的、勤奋的学生和智力迟钝的、毫无兴致的、自甘堕落的学生之间出现了一类新的学生群体。这类学生尚不能放在任何常见的学习障碍类别中。虽然这些孩子很聪明、发展良好,而且他们在学校很受欢迎,但是他们不能被引导去参加常规的游戏或课程。尽管学校使用的方法是小心翼翼地避免批评和指责,但他们的行为就好像受到了惊吓一样。仅仅把他们的成绩和其他孩子的成绩相比较,就会使他们的工作失去价值。如果他们在一项任务或一项建设性的游戏中失败了,他们就会永远不愿意重复这种尝试。因此,他们表现不活跃,不愿将自己与任何地方或活动联系在一起,仅满足于在一旁观看他人活动。其次,他们无所事事使他们处于从属的位置,表现出一种反社会的状态,因为他们陷入他们的无聊中,与那些专心致志投入到学习或游戏中的孩子们冲突不断。

这些孩子良好的天赋和令人失望的表现表明他们是神经症性抑制的,我们可以推测出他们障碍的过程和内容,这两方面在我们真实神经症障碍的分析中很容易见到。对于他们来讲,症状并未表现出真实状况,而是作为过往经历核心成分的替代物。例如,一个孩子在计算或思考上的抑制,一个成人在言语表达上的抑制或一个音乐家在演奏上的抑制,真正被避免的行为不是在思想上或数字上,或发音上,或在弦上拉弓,或在触摸钢琴的琴键。自我的这些行为本身是无害的,但它们已经与过去被防御的性行为有关,而这些行为被主体所避开;它们已经"性欲化",本身就是自我防卫行动的对象。同样地,当孩子们为自己辩护时,他们会把自己的表现与他人的表现相比较,而这种感觉只不过是替代而已。看到另一个人的卓越成就意味着(至少在我的病人身上是这样的)看到生殖器比他们自己的更大,这让他们很嫉妒。再一次,当他们被鼓励去模仿他们的同伴时,这表明了俄狄浦斯期与对手间无望的竞争,或者是对性别差异不愉快的认识。

然而,在某一方面,这两种干扰是不同的。如果需要工作的条件改变了,那些坚持要扮演观众的孩子们就会恢复他们的工作能力。另一方面,真正的抑制是不变的,环境的变化几乎不会影响到它们。以前的一个小女孩出于外部原因不得不离开一年级,在那里她一直保持"观察"的习惯。她被单独教授课程,她立刻就掌握了教材的内容,只要其他孩子在场,就很难找到接近她的途径。这种变化在另外一个七岁的女孩子身上也能发现。当她在学校课业落后的时候,老师为她单独补课。单独补课的时候,她的行为表现正常,没有任何障碍。但她在学校课堂里却无法取得这些好成绩,而课程的内容却是一样的。只要她们的成绩不和其他孩子比较,这两个小女孩就可以学到东西。就像我分析的那个小男孩,只要他的玩伴不是年长的孩子,他就可以参加游戏。从外表看来,这些孩子的行为举止就好像受到了内在的和外在的禁止一样。然而,在现实中一旦某个特定的活动产生了不愉快的感受,禁止就会发生。这些孩子的心理状况类似于女性特质研究[24]呈现出来的状况,显示出其在发育过程中的某个关键点上是具有小女孩的特征。一个小女孩在她生命的某一段时间里,因为内疚和惩罚的焦虑,放弃了阴蒂的自慰,从而限制了她男性化的努力。当她把自己和男孩子们比较时,她感到悲伤,因为他们有更好的自慰能力,她也不愿意重复手淫行为,以免回忆痛处。

相形见绌的不快,以及失望和沮丧可以通用某种自我限制得以避免的观点其实是错误的。在对一个十岁男孩的分析中,我观察到这种限制作为一种短暂的症状而发生,目的是为了避免直接的真实焦虑。但这个孩子的焦虑恰恰相反。在他分析的某一阶段,他成为一名出色的足球运动员。他的超凡能力得到了学校里的大男孩们的认可,他也非常高兴能让他加入他们的游戏中去,尽管他比他们小得多。

不久,他就报告了下面的梦:他正在踢足球。一个大男孩用非常大的力量踢足球,以至于他为了不被击中而不得不跳过去。他醒来时感到焦虑不安。对梦的解释表明,他与大男孩交往的自豪感很快就变成了焦虑。他担心他们会嫉妒他的能力,并对他变得咄咄逼人。他自己创造的这种局面,是由于他在比赛中表现得很好,最初是一种快乐的源泉,现在却成了焦虑的来源。同样的主题很快又出现在他睡觉时的幻想中。他看到其他的男孩想用一个大的足球来击打他的脚。球朝他飞奔而来,他在床上猛抬他的脚,以便躲避开。我们已经在这个小男孩的分析中发现,脚对他有特殊的意义,通过间接的嗅觉印象以及僵硬和跛足的想法来代表阴茎。梦想和幻想检验了他对游戏的热情。他的演出落幕了,他很快就失去了在学校里为他赢得的赞赏。这一撤退的意思是:"你们不需要踢我的脚了,反正我现在已经不是一个好的球员了。"

但是,自我在某个方向上的限制过程并没有结束。当他放弃体育的时候,他突然另辟蹊径,他一直以来都倾向于诗歌和文学创作。他给我吟诵他自己写的诗,给我看他七岁时写的短篇小说,他还为自己的文学事业做出了雄心勃勃的计划。这位足球运动员被改造成了一位作家。在一次分析中,他做了一个图表来展示他对各种男性职业和爱好的态度。中间一个很大的黑点代表着文学,而周围的圆圈代表不同的科学,应用型职业则是由更远的点来表示的。在页面的最顶端,靠近边缘的地方有一个很小的点,代表着体育运动。但不久之前,体育对他来说还是如此的重要。这个小点的意思是他现在对体育所感到的极度蔑视。在几天的时间里,通过一个类似于理性化的过程,他对各种活动的有意识的评估受到了他的焦虑的影响,这是很有启发意义的。他当时的文学成就实在是令人惊讶。当他不再擅长于体育时,他的自我意识就有了一个缺口,而这又被另一个方向上的大量生产所填补。分析很清晰地表明,他与父亲之间的敌对状态的重新激活导致了他的极度焦虑,因为他认为大的男孩可能会报复他。

一个十岁的小女孩充满了巨大的期待去参加她的一次舞会。她花了很多心思准备她的新衣服和鞋子,内心十分满意。她第一眼就爱上了舞会上最英俊、最引人注意的男孩。尽管他完全是个陌生人,但他和她的姓氏一样。在这个事实的周围,她编织了一个幻想,那就是他们之间有一条秘密的纽带。她迎面向他走去,但没有得到回应。事实上,当他们在一起跳舞时,他嘲笑了她的笨拙。这种失望让她感到极其羞辱。从那时起,她就回避聚会,失去了对服装的兴趣,也没有热情学习跳舞。有一段时间,她很高兴地看着别的孩子跳舞,却不愿参加,拒绝任何跳舞的邀请。渐渐地,她带着轻蔑的眼光来看待她生活的这一面。但是,就像那个小足球运动员一样,她为自己的自我限制而补偿自己。她放弃了女性的兴趣,在思考和学习上表现得很好。在这种迂回的道路上,她最终赢得了许多同龄男孩的尊重。后来的分析显示,她遭受了与她同姓氏的那个男孩的拒绝,这对她来说是一种对婴儿早期的创伤经历的重复。在这种情形下,因为自我的逃离,她并没有焦虑或内疚感,而转为对不成功的强烈不快。

现在让我们回头看看抑制(Hemmung)和自我限制(Ich-Einschränkung)之间的区别。神经症性的抑制抵抗令人厌恶的本能行为,也抵抗内在危险产生的不快感。即使是在恐惧症中,焦虑和防卫似乎与外界有关,他真正害怕的是自己的内心。他避免遭遇到自己内在长久存在的诱惑。他避开了内心焦虑的动物,不是为了对抗动物本身,而是为了对抗他被激发的攻击性倾向。另一方面,自我限制的方法防御了不愉快的外部压力,因为它们可能会使过去相似的压力重新出现。回到我们对压抑和否认的机制的比较中,我们会说抑制和自我限制的区别在于,前者是自我防御自身的内在过程,而后者则是对抗外部刺激。

进一步比较两者的差异,我们会看到它们之间差异的根本点。在每一种神经症性抑制背后,都有一种本能的愿望。每一个单独的本我冲动设定自己达到目标,简单的抑制过程转化成一个固定的神经症症状。这代表了自我的愿望和自我建立的防御之间存在永恒的冲突。个体在这场斗争中耗尽了能量,但仍然保持着不容小觑的欲望去演算、吟诵、演奏小提琴等，其间，本我同样维持细微的变化。同时，预防性的措施或最低程度的自我功能减损也坚定地强制执行着。

伴随因真实焦虑或不愉快发生的自我限制，并不存在和被打断行为的某种连接。这里的压力不在于行为的本身，而在于行为所产生的不愉快或快乐。在追求快乐和避免不快的过程中，自我所做的一切都是为了满足自己的所有能力。它放弃了释放不快乐或焦虑的活动，也没有让愿望是其所是。所有的利益都被抛弃了，当自我的经历不幸的时候，它会把所有的精力都投入到追求一个完全相反的角色上。我们在那个小足球运动员身上看到了这样的例子，他投入了文学的怀抱。小舞蹈家的失望使她成为一个优等生。当然，在这些情况下，自我并没有创造新的能力，它仅仅是利用那些已经拥有的东西。

自我限制作为一种避免不快的方法，就像各种形式的否认一样，并不属于神经症心理学，而属于自我发展的一个正常阶段。

当自我是幼小和具有可塑性的时候，它从一个活动的领域中退出，有时会因另一个领域的卓越而得到补偿。但是，如果自我僵硬固执，或者自我对于不快不够宽容，并和逃避性方式紧密联系在一起时，那么，糟糕的结果就是一种对自我发展的惩罚。自我片面地从很多位置上退却，丧失了很多的乐趣，并失去功能。

在教育理论中，幼儿自我的重要性没有得到充分的重视，这也导致了近年来许多教育实验的失败。现代教育的宗旨是给孩子成长的自我带来更大的自由，让孩子自由地选择自己的活动和兴趣。其意图是让自我更好地发展,并得到升华。但是,处于潜伏期的孩子可能更重视避免焦虑和不快乐,而不是本能的直接或间接的满足。在许多情况下,如果他们缺乏外在的指导,他们选择的职业不是由他们特殊的天赋和能力来决定的,而是希望能尽快地从焦虑和不愉快中获得自我。让教育工作者感到惊讶的是,在这种情况下,结果不是个人的蓬勃发展,而是自我的贫乏。

在这一章中,我列举了三种针对真实不快和现实危险的防御方式来说明,儿童的自我是如何通过神经症性方式应对自己内部的危险的。它阻止焦虑的发展,为防止痛苦而扭曲自身。自我建立的保护措施,如从身体功能层面逃离到精神层面,女性和男性特质的连接,再如限制功能避免受到伤害,这些在日后的生活中受制于所有外界的攻击。因为一些灾难,比如失去了一个爱的对象、疾病、贫穷或战争,个体可能不得不改变自己的生活方式,然后自我发现自己又一次面对最初的焦虑状况。失去对焦虑的习惯性保护,就像拒绝一些习惯性的本能满足一样,是神经症的直接原因。

在儿童仍然非常依赖于其他人的这种情况下,神经症的形成可能会因成人的意愿而产生或被移除。一个在自由的学校里不学习,只是这里看看和那里画画的孩子,在一个更严格的学校制度下就变得"被抑制"了。外在世界强制性的要求导致和不愉快行为联系在一起,无法避免的不快需要新的方法来应对。另一方面,如果给予外部保护,即使是已完成的抑制或症状也可能被修改。当一位母亲看到孩子不安时,她的焦虑会被唤醒,她的自尊受到伤害,她会保护孩子,并防止他遭遇到不愉快的外部环境。但这意味着,相对于儿童的症状,母亲的行为举止和一个恐惧症患者没有两样。母亲通过限制儿童的行动自由避免儿童遭受危险和痛苦。母亲和孩子避免焦虑和不快的共同努力可能是很多儿童神经症没有外在症状的原因。所以,在对孩子的症状进行客观评估之前,我们必须移开这些儿童的保护因素。

第三部分

防御类型的两个例子

第九章　与攻击者认同

只要把每一种方式分离出来,并且找到这些方式在应对特定危险时的运作方式,自我惯用的防御机制就相对清晰可见了。只要有否认,就会存在外在的危险;只要有压抑,自我就在和本能激战。当压抑发生时,自我正在与本能的刺激作斗争。抑制和自我限制之间的外在相似性使我们更不确定这些过程是外部的,还是内部冲突的一部分。当防御的过程相互纠缠在一起,或者当同一种防御有时朝内,而其他时候朝外发生时,情况就变得复杂了。当采取防御措施或采用相同的机制有时针对内部,有时针对外部力量时,情况就更加复杂了。我们可以用认同的机制来说明这两种情况的复杂性。通过认同而产生的超我意在统治本能生活。但是,正如我希望在接下来的内容中所展示的那样,有时它与其他机制结合在一起,形成了自我最有力的武器来应对引发焦虑的外部客体。

奥古斯特·艾希霍尔(August Aichhorn)报告了一个他作为教育顾问碰到的案例,一位小学生因为扮鬼脸而被老师带来。老师抱怨,当男孩受到责备和劝诫时,他的行为很不正常。在这样的场合,他经常做鬼脸,引得全班同学哄堂大笑。老师认为,要么是男孩有意识嘲弄他人,要么就是他脸上肌肉无意识的抽搐。分析师、老师和男孩的会面让情况得以水落石出。分析师和老师仔细观察发现,男孩的鬼脸正是老师生气时脸部扭曲的样子。面对老师的责难,男孩无意识地通过模仿老师的愤怒来控制自己的焦虑。男孩压制了自己的愤怒,用自己独特的、没有被识别出来的表情和举动回应他的老师。鬼脸表明他同化或者认同了可怕的外部客体。

我们上面提到的那个小女孩,她尝试用魔法和法术克服阴茎嫉妒的低劣感,她有意识和有意图地利用了这个男孩不自觉地采取的一种机制。在家里,她不敢在黑暗中穿过大厅,因为她害怕看到鬼魂。她突然学会了一种方法,让她如有神助,她做出各种奇怪的手势,跑过令人害怕的房间。然后,她得意扬扬地向她的弟弟讲述了她克服焦虑的秘密。"在大厅里没有必要害怕,"她说,"你只要假装你自己就是那个可能遇见的鬼。"这表明她的魔法姿势代表着她想象中鬼魂会做出的动作。

上述例子中所描述的作为两个小孩特质的情形是原始自我最自然和最普遍行为模式的一部分,这些在巫术和原始宗教仪式的研究中很早就被人熟知。此外,在许多儿童游戏中,面对可怕客体的单独个体将焦虑转化为令人愉快的安全感。很显然,在这里我们也可以将此延伸到对儿童角色扮演的理解路径上。

对对手的物理模仿只代表了复合焦虑体验的一部分。我们从观察中获得的其他元素也需要进一步被掌握。

我之前几次谈到过的那个六岁儿童的案例。这位小男孩不得不去看牙医。起初一切都很好，治疗一点都不疼，为此他得意扬扬，嘲笑那些害怕牙医的人。但有一次，他来到我这里时，他的脾气相当的差，牙医刚刚把他弄疼了。他显得很生气，非常不友好，把气发泄在我房间里的东西上。第一位受害者是一块橡皮擦。他想让我把它送给他，我拒绝了。于是，他拿了一把刀，想把它切成两半。然后，他对一卷绳索垂涎欲滴。他也想让我送给他，他绘声绘色地对我讲，这绳索给他的宠物用是多么好。当我拒绝把绳子给他的时候，他又拿起刀，把一大段绳子割了下来。但是他没有把绳子收好，而是很快地把它切成很多小段。最后，他把绳子也扔了，注意力又转向了一些铅笔。接着又不知疲倦地用刀把它们削尖，然后把它们折断了，再把它们磨得又尖又细。看起来，这个小男孩并不是在扮演那个牙医。在他的行为动作中并没有牙医的痕迹。他认同的不是对手的人格，而是他的攻击性行为。

还有一次，这个小男孩在他发生了轻微的事故后就来找我。他在学校上体育课的时候，急速向体育老师奔去，一下子碰到了老师伸出来的拳头。我的小病人的嘴唇流血了，他哭红了眼，他试图用手挡住他的脸，不让别人看见。我竭力安慰他，让他安静下来。他可怜兮兮地离开了我的办公室，然而，第二天他正气凛然全副武装地来到我这里。他头戴军帽，腰别军刀，拿一把玩具手枪。当他看到我对这个转变感到惊讶时，他淡淡地说道："我只是想和你玩的时候，穿上这些东西。"然而，他并没有和我玩。他坐下来,给母亲写了一封信:"亲爱的妈妈,求求你,求求你,求求你,请把你答应我的小折刀送给我,不要等到复活节了!"在这里,我们不能说,他在扮演与他相撞的老师的形象来掌控自己的焦虑。他也不是在模仿后者的攻击行为。武器和军装作为男人的属性,显然象征着老师的力量,就像动物幻想中父亲的属性一样,它们帮助孩子认同他们的男子气概,保护自己免受自恋的损害和不幸。

到这里我们列举的例子中包含了我们熟知的内容:一个孩子内射了令人焦虑客体的人格特征,以此加工自己的焦虑体验。认同或内射的方式与第二个重要机制相结合。通过模仿攻击者,接收他的特征或仿效他的攻击行为,儿童将自己从受威胁的人变成了威胁之人。在《超越快乐原则》中,从消极状态转换为积极状态来处理不愉快或创伤性婴儿期经历的意义已经得到过详细讨论:"如果医生看了孩子的喉咙或实施一些小手术",我们可以确定,"这些可怕的经历将会是下一场游戏的主题,但是,从中获得快乐的机会还是未知的。当孩子将经历中的被动转换成游戏中的主动时,他把自己身上发生过的不愉快经历放到他的玩伴身上,这样他就可以在这个替代者身上复仇成功"[25]。游戏中的元素都承载了孩子的行为。在那个做鬼脸的男孩和那个小巫女那里,承载威胁的命运就会发生改变。而在另外一个男孩那里,他从牙医和老师那里接管的攻击性用他的坏脾气朝向了整个外在世界。

这一转变过程使我们感到更加好奇,因为焦虑与过去的某件事无关,而与将来的某些事情有关。我曾经报告了一个男孩,他有一个习惯,他会拼命地按养育院的门铃。一旦门开了,他大声地责骂女佣如此缓慢和漫不经心。在按门铃和愤怒爆发之间这个男孩承受了将被责骂的焦虑,焦虑的来源是有可能有人会因为他拼命地按门铃而责备他。他在女佣有时间责备他的行为之前先行指责。他预防性责骂的激烈程度和他的焦虑程度匹配。他所持的那种攻击性不是针对任何人,而是与他期望的外在世界的某个人有关。攻击者和被攻击者的角色反转在这种情况下持续到最后。

珍妮·维尔德(Jenny Waelder)从一个五岁男孩的治疗中,给出了一个生动的例子。[26]当与他的分析即将触及自慰,以及与之相关的幻想时,这个害羞和拘谨的小男孩变得非常具有攻击性。他的消极态度消失了,他的女性特征也没有留下任何痕迹。在分析的时候,他假装是一只咆哮的狮子,并攻击分析师。他随身带着一根棍子,扮演坎卜斯。他在家里的楼梯上,在他自己的房间里,在分析师的房间里敲打木棍。他的祖母和母亲抱怨说,他想要打她们的脸。当他拿起厨房的刀子时,他母亲的不安达到了顶点。分析表明,孩子的攻击性不能被理解为他的本能冲动被解除了。他离他男性气质的解放还有一段距离。他只是感到焦虑。对他的过去和最近性行为的必要坦白,唤起了他对惩罚的预期。根据他的经验,当大人发现孩子沉溺于这种行为时,他们通常很生气。他们对他大声喊叫,扇他耳光,或者用棍子打他。也许他们甚至会用刀子割掉他身体的某一部分。伴随着咆哮、棍子和刀的行为预示着他的恐惧和担忧。他内射了成年人那些让他感到内疚的攻击性行为,并把自己的攻击性行为返还到外在世界的人。每次当他发现自己接近危险情境的时候,他的侵略性就会增强。最后时刻,他被压抑的思想和感情被讨论和解释后,他觉得再也不需要"坎卜斯"的棍子了,直到那时候他还一直都带着那根棍子,他把它留在了分析师的房间里。他想要打败别人的冲动同时也消失了,但是被惩罚的预期出现了。

我们发现,"与攻击者认同"在个体"超我"的正常发展过程中完全不是一个少见的中间阶段。在我刚才描述的两个男孩的案例中,当他们认同成人的惩罚威胁后,他们朝着超我形成的方向迈出了重要的一步;他们内化了其他人对他们行为的批评。通过进一步的内化此种方式,内射养育者的特质,以及他们的性格特点和观点,它们一直都在提供超我可能成形的材料。但在这一点上,孩子们并不完全真心地承认这个超我机构。内化的批评还没有立即转化为自我批评。正如我们在上面列举的例子中所看到的,它与孩子受责备的行为是分离的,并返还到外面的世界。在新的防御过程的帮助下,对外部世界的主动攻击伴随着对攻击者的认同。

这里有一个更复杂的例子,可能会让我们更清楚地看到防御过程进一步的发展。一个男孩,当他的俄狄浦斯情结达到顶峰时,他用特殊的方式来控制他对母亲的迷恋。他和她的良好关系受到了怨恨的破坏。他会强烈地用各种各样的理由责备她,以一种不可理解的方式不断重复:他总是抱怨她的好奇心。他被禁止的情感的加工过程很容易能够让人察觉到。在他的幻想中,他的母亲知道他对她的追求,并且愤怒地拒绝了他。她的愤慨在他自己的怨恨中被积极地复制了出来。然而,与珍妮·维尔德的病人相比,这个男孩并没有简单地埋怨他的母亲,而是在母亲的好奇心上表现出不满。分析表明,这种好奇心并不是他母亲的,而是他自己的本能生活。在他与母亲的关系中,他对母亲的好奇心是所有本能中最难克服的。角色的逆转已经完成。他接收了母亲的愤怒,并将此归因于她自己的好奇心。

在阻抗的某个阶段,一个年轻的女病人用一种隐秘的方式来责备她的分析师。她抱怨说,这位分析师太保守了。她不断地询问分析师的私人问题,当她没有得到回答时,她会很痛苦。这种责备只会暂时停止,之后总是以一种老套的方式自动地重新出现。我们可以区分出心理过程的两个阶段。有时,由于某种抑制使她无法说话,病人自己也有意识地抑制了一些非常私密的材料。她知道自己已经打破了分析的基本规则,她希望分析师能对她进行指责。她内射了幻想的责备,并将这一责备指向了分析师。她的攻击阶段正好与她的秘密相吻合。她批评这名分析师的过失,这也是她自己感到内疚的地方。她自己的秘密行为被认为是分析师的过失。

另一名年轻的女病人周期性陷入了强烈的攻击行为状态中。我自己,她的父母,以及其他与她关系不太密切的人,几乎都是她怨恨的对象。有两件事她经常抱怨。在这一阶段,她觉得人们总对她隐瞒某些东西,除了她,每个人都知道那些秘密。她被自己的愿望所折磨,想知道那些秘密到底是什么。同时,她对所有身边的人内在的不完美感到非常失望。和上一个女病人一样,这位女病人保留秘密的时间正好与她抱怨分析师的时间相吻合,所以这个女病人攻击性阶段正好符合这样一个时间段,她被压抑的为自己所不知的自慰幻想欲将出现在意识中。她对爱的客体的苛责与她所预期的身边人对她童年时手淫的责备有关。她充分地认同了这一谴责,并把它重新带回了外面的世界。其他人对她保守的秘密正是她自己手淫的秘密,她不仅对别人隐瞒,也对自己隐瞒。病人的攻击性与他人的行为相一致,他们的秘密是她自己压抑的反光镜。

这三个例子让我们了解了这个特殊阶段在超我功能发展中的起源。即使当外部的批评被内射之后,惩罚的威胁和攻击还没有和病人内心联系起来。当批评被内化时,攻击就被外部化了。这就意味着,与攻击者认同的机制是通过另一种防御措施来补充的,即内疚的投射。

自我在防御机制的帮助下完成了这一特殊的发展过程,内射批评的权威形成超我,将自身被禁止的冲动向外投射。在严厉对待自己之前,自我不宽容地对待外在世界。它学会了什么应该得到批判,而通过防御机制来保护自己免受不愉快的自我批评。对别人的不当行为的强烈愤慨,是内疚感的前身和替代品。当内疚感不断增加,自身的愤怒也会自动增加。这一阶段的超我发展阶段是一种道德形成的初步阶段。当内化为对自我批评的超我要求和自身过失的感受相一致时,真正的道德就开始了。从那一刻起,超我的严厉性就变成了向内,而不是向外,对外界的不宽容性也减弱。但是,一旦它发展到了这个阶段,自我就不得不忍受因自我批评和愧疚感所引起的更为尖锐的不愉快。

在超我的发展过程中,有可能有一些人停留在中间阶段,而且从来没有完全地完成关键的内化过程。尽管他们意识到自己的责任,但他们仍然保持着对外部世界强烈的攻击性。在这种情况下,超我对待外界的行为就像抑郁症的超我对待自我一样冷酷无情。也许当超我的发展被抑制时,它就成为抑郁状态发展的开端。

"与攻击者认同"一方面代表了超我发展的初步阶段,另一方面,也是偏执状态发展的一个中间阶段。前者使用了认同,后者使用了投射。同时,认同和投射是自我活动的正常形式,它们因所使用材料的不同而存在差异很大的结果。

内射和投射的特殊结合形式,我们在此称之为与攻击者认同。自我使用它们来应对与权威的斗争,以及与恐惧客体的对抗,这在普通生活中很常见。当一个人坠入爱情生活时,同样的防御过程失去了它的无害性,而获得了病理性特征。一位丈夫将自己不忠的冲动放在了妻子身上,并责备妻子不忠。他内射了她的责备,投射了自己的本能冲动。[27]然而,他的目的不是保护自己不受到外界的攻击,而是保护自己免受内在破坏性力量对与妻子正性的力比多连接的冲击。相应地结果是不一样的。某些病人并非对外部攻击者采取对抗的态度,而是对自己的配偶产生了一种强迫性的迷恋,这一行为的表现形式是嫉妒。

当投射的机制被用来防御同性恋的冲动时,它与其他机制结合在一起。逆转(在这种情况下,爱变成恨的逆转)完成了内向和投射过程,促成偏执妄想的发展。无论是针对异性恋还是反对同性恋的冲动,这种投射不再是武断的。自我为自己的无意识冲动选择栖身之地时,其选择的根据是伴侣中背叛无意识冲动的感性物质。[28]

从理论的角度出发,对与攻击者认同过程的分析有助于我们区分不同的防御机制;它使我们能够区分移情性焦虑攻击和攻击的爆发。在病人的分析工作中,当真实无意识攻击冲动进入意识中时,被压抑的情感会在移情中寻求解脱。如果病人的攻击行为是由于某种对我们想象的批评的认同,那么它不会受到他的"实际表达"和"发泄"的影响。只要无意识的冲动被禁止,攻击就会增加。只有当对惩罚和超我的恐惧消失的时候,攻击性才会消失,就像那个小男孩承认他的手淫一样。

第十章 利他主义的形式

投射机制的作用是打破危险的本能冲动和自我的理想代表之间的联系。在这一点上,它最接近于压抑的过程。其他的防御过程,如置换、反向形成或转向自身,都会影响到本能过程本身;压抑和投射只会阻止它被感知到。在压抑中,那些令人不快的想法被拒绝进入本我,而在投射中,它们被转移到外部世界。投射在某一点上和压抑类似,它与任何特定的焦虑情境无关,由客观的焦虑、超我的焦虑和本能的焦虑所激发。英国精神分析学派认为,在生命最早的几个月,攻击冲动的投射早于所有的压抑而发生。这对婴儿的世界图景和婴儿的人格形成有至关重要的意义。

对于整个婴儿早期的自我来讲,投射的使用无论如何都是很自然的事情。当婴儿的行为和愿望变得危险时,他们可以用投射让自己撤出来,并在外部世界寻找一个新的客体保护自己。一个"奇怪的孩子",一个动物,甚至是无生命的物体,对婴儿的自我来说都是同样有用的,他们可以用这些来修正自己的错误。婴儿的自我持续以这种方式摆脱被禁止的冲动和愿望,把它们完全地交给别人,这是一种通常的做法。如果这些愿望受到外界的惩罚威胁,那么自我就会把它所投射的人作为替罪羔羊。如果这种投射是由一种内疚感引发的,自我就会将自我批评转换为指责别人。在这两种情况下,它都与新的客体保持距离,并且在他的评判下,表现得极其不能容忍。

投射的机制会影响我们的人际关系,当我们把自己的嫉妒和属性投射到别人身上时,我们的行为就会被我们自己的攻击性所影响。但它也可能以另一种方式运作,使我们能够形成有价值的积极的附属关系,从而巩固我与他人之间的关系。这种普通的和不那么明显的投射形式可以描述为对其他人自身本能冲动的"利他性让渡"(altruistische Abtretung)[29]。

下面我给出一个有关这种情况的例子。

一位年轻的女家庭教师在分析中说道,童年的时候,她的头脑中充满了两个意象:她期待自己拥有漂亮的衣服和很多小孩。在她的幻想中,她几乎痴迷于描绘这两个愿望的实现。但她内心也有无数其他的要求:她希望拥有那些年长的玩伴们拥有和能够做到的一切,她甚至想要比他们做得更好,并且因为她的聪明而受到赞赏。她不断宣称"我也是!"对她的长辈们来说,这是件麻烦事。她的大多数欲望具有迫切的和无法满足的特点。

作为一个成年人,她在众人面前看上去谦逊和朴素。在她被分析的时候,她还没有结婚,没有孩子,衣着破旧,丝毫不引人注目。她几乎没有表现出嫉妒和野心,只有在环境迫使下,她才会与别人竞争。她给人的第一印象是,她完全朝着童年期许的相反方向发展了,她的愿望被压抑了,在意识中代之以反向形成的结果(如以谦逊代替引人注目,以平庸代替野心)。人们可能会发现压抑是由性欲的禁止而引起的,从她的表现欲望和儿童期的渴望延展到整个她的本能生活。

但是,不是她的所有当前行为都符合这一印象。详细地对她的生活的探究显示,她儿时的愿望因压抑几乎没有得到满足。她对自己性取向的否定并没有阻止她对女性朋友和同事的爱情生活保持浓厚的兴趣。她是一个婚姻生活的热心人,她是别人的闺中密友。她对自己的打扮没有兴趣,但这并不阻碍她对别人的衣服保持浓厚的兴趣。没有孩子的她对别人的孩子很关心,正如她所选择的职业一样。人们可能会说,她对自己的朋友们拥有漂亮的衣服、受人尊敬和有孩子的情况表现出不同寻常的热心。同样地,尽管她自己非常克制,但她对那些她深爱的男人充满了虚荣心,对他们的事业有着极大的兴趣。她的生活似乎已经被她的兴趣和愿望所掏空了;到她来分析的时候,一切平安无事。她没有努力去实现自己的目标,而是把所有的精力都花在身边亲近的人身上。她生活在别人的生活中,而不是她自己的经历中。

对她儿童时期和父母关系的分析清楚地揭示了内在转变是如何发生的。她早期放弃本能导致了一个极其严苛超我的形成,这使得她无法满足自己的愿望。她的阴茎愿望,野心勃勃的男性幻想,她儿童的女性愿望,以及在父亲面前裸体,穿漂亮衣服博得父亲欢心的愿望统统都被禁止了。但这些冲动并没有被压抑,她在外部世界找到了一些替代人,将自己的欲望放在这些人身上。她女友的虚荣为她自己虚荣心的投射提供了一个支点,而她的欲望和雄心勃勃的幻想也同样被储存在外面的世界中。她把自己的本能冲动投射到其他人身上,就像我上一章所提到的病人那样。唯一的区别在于这些冲动随后被处理的方式。病人并没有将自己与替代者区分开,而是与他们认同。她对他们的愿望心领神会,并感到和他们的关系很近。她的超我和自我连接在一起对自己本能冲动异常严厉,对其他人却出奇地宽容。她通过分享他人的喜悦来满足自己的本能,为此她使用了投射和认同的机制[30]。只有当她自己在陌生人那里投射的愿望能够实现时,她生活中强制禁止的本能克制状态才能得到缓解。她将本能冲动出让于他人的行为具有一种自我中心主义的意义,而为他人的本能满足而努力的行为,我们将之称为利他主义。

她将自己和他人的愿望联系在一起,这是她整个生活方式的表达形式,分析中很清晰地发现了这一点。例如,在十三岁的时候,她偷偷地爱上了她姐姐的一位男朋友,她的姐姐曾经是她特别嫉妒的对象。她怀疑他是否更偏爱喜欢自己,而不是姐姐,她总是希望他能给她一些爱的信号。在一个偶然的机会,她发现自己被冷落了。有一天晚上,这个年轻人意外地约了她姐姐出去散步。在分析中,病人完全清楚地记得,她是如何从失望的瘫痪状态转变为突然的忙碌状态。她开始为姐姐漂亮的外出做准备,掩藏了她整个的嫉妒。与此同时,她显得非常的高兴,完全忘记了不是她,而是她的姐姐要外出约会。她把自己对爱情的渴望投射到她的对手身上,享受对嫉妒客体认同的满足感。

当被拒绝而不是被满足的时候,她经历了同样的过程。她喜欢给她负责的孩子们喂东西吃。有一次,一位母亲拒绝给她的孩子一些点心。尽管这位病人对吃的乐趣漠不关心,但母亲的拒绝使她极为气愤。她把别人愿望被拒绝的感受体验为自己的,就像在另一种情况下,她为姐姐愿望的实现而高兴。很明显,她放在别人身上的是愿望满足不受打扰的权利。

最后一种特征在另一种类型的病人身上表现得更为明显。一个年轻的女性,她和公公的关系特别友好。她对于婆婆的死亡表现出奇怪的反应。这个病人和其他家庭妇女一起,着手处理死者的衣物。与其他人不同的是,她拒绝接受任何一件婆婆的衣服给自己穿。相反地,她把一件外套送给了她的一个堂姐。婆婆的妹妹想要把大衣的皮领子剪下来,留给自己保存,先前冷漠而毫无兴致的她突然陷入了无名怒火中。她把满腔被压抑的攻击性放到了她的姨妈身上。最终,她坚持让堂姐得到了这件衣服。对这一事件的分析表明,病人的罪恶感使她无法接受属于她婆婆的物品。对她来讲,婆婆的衣服象征着她取代婆婆的位置和公公在一起的愿望。因此,她放弃了自己的主张,转而支持她的堂姐,希望她成为"母亲"的继承人。然而,她感受到自己的渴望和失望非常的强烈,她有可能去实现她自己生活中无法成功的事情。当坚决抵制本能冲动的超我远离自身的自我时,自我才会同意本能的愿望。当他人的愿望在实施过程中时,受阻的攻击行为突然获得了自我合理性。

当我们把注意力放到投射和认同组合而形成的防御过程上时，上述两个例子都可以在日常生活中被观察到。例如，一个年轻的姑娘对自己的婚姻犹豫不决，但她竭尽所能鼓励她姐姐订婚。一个舍不得把钱花在自己身上的病人，有时会毫不犹豫地把钱花在了礼物上。另一位因焦虑而无法完成旅行计划的病人，竟然以意想不到的热情向朋友们提出了旅行建议。在所有这些病例中，与姐妹、朋友或礼物接受者的认同，因突然感受到与他们紧密的联系而出卖了自己，而自己的愿望通过替代者实现了。关于"相亲老处女"和"吃瓜群众"的笑话永久被人提起。把自己的愿望让渡给别人，监视替代客体愿望的满足情况，这事实上和那些饶有兴趣看表演式的旁观没有什么太大的区别。每个人都不会为此冒什么风险。

这些防御过程的功能具有双重性。当它出现时，它不仅仅是为他人的本能满足提供善意，即使存在超我的禁止，也允许间接的本能享受；同时，它解放那些被压制的行动来保障基本愿望的行为和攻击性。不能满足自己口欲的病人，可能会对母亲拒绝给自己的孩子东西吃而感到愤慨。如果自己被禁止获得死去女主人的权利，那么她就可以用强烈的攻击行为来捍卫另一个人的象征性权利。从来不敢为自己争取加薪的女职员会突然向女老板为自己的女同事争取权益。对这种情况的分析表明，这种防御过程的根源存在于婴儿期为了本能满足而与父母权威进行的斗争中。对母亲的攻击性冲动，只要是满足自己意愿的，就会被禁止，而愿望表面上是别人的，就会被接受。这种类型的人最熟悉的代表是公共捐助人,他们具有极大的进取心和精力,从一群人身上获得资金,以便把钱交给另一群人。也许最极端的例子是,以被压迫者之名刺杀压迫者的暗杀者。限制攻击释放的客体总是每一个儿童时期强制本能放弃的权威的代表。

通过不同角度的选择,主体可以将自己的本能冲动转嫁到客体上。存在这样的可能性,对外界禁止本能冲动的感知足以让自我提供投射的起点。在婆婆遗物继承的案例中,从紧密的家庭关系中拉开的距离,将无害的欲望安置在替代者身上,对于病人自己来讲,这正是乱伦欲望的替代。在大多数情况下,替代者曾经是被嫉妒的对象。在我的第一个案例中,那位无私的家庭女教师将她的雄心壮志放置到她的男性朋友身上,并将她的性欲放置到她的女性朋友身上。前者是她的父亲和哥哥的代表,两人是她阴茎嫉妒的对象,而后者代表了她的姐姐,而她对姐姐的嫉妒在童年的后期从阴茎嫉妒转换为美貌的嫉妒。病人觉得自己是一个女孩,这使她无法实现自己的抱负,同时,她感觉自己也不是足够漂亮的能够吸引男人的女孩。在她对自己感到失望后,她把自己的愿望转移到那些她觉得更有资格的客体上。她的男性朋友们职业生涯中能达到的成就,她自己永远无法达到,而那些比她漂亮的女孩也同样在爱情中比她收获更多。她的利他性让渡是克服自恋伤害的一种方法。

把本能的愿望向更能满足愿望的客体让渡,通常决定了这个女孩与男性的关系,在这些关系中她往往处在劣势。基于这种"利他"的依恋,她希望他能实施那些她认为自己因性别而受到阻碍的意愿。例如,上大学学习，选择一个特殊的职业，或者有名并富有等等。在这种情况下，利己主义和利他主义可能会以不同的比例混合。我们知道，父母有时以一种利他主义和利己主义的方式把自己的生命托付给他们的孩子。就好像他们希望通过自己的孩子，从生活中获得他们自己未能实现的雄心壮志。他们觉得孩子比他们自己更有资格。

也许，母亲对儿子的纯粹利他关系在很大程度上取决于母亲自身愿望的让渡，这一愿望寄希望于儿子的男性身份所代表的合适客体。一个男人在生活中取得的成功的确会对他家中的女人做出补偿，因为她放弃了自己的野心。

对这种利他性让渡于合适客体最好的和最详细的例子可以在埃德蒙德·罗斯丹(Edmond Rostand)的戏剧——《西哈诺·德·贝杰拉克》(Cyrano de Bergerac)中发现。剧中的主角是一位历史人物，17世纪的法国贵族，一位诗人和警卫军官，以他的才智和英勇而闻名，他却因自己特别丑陋的鼻子而对女人的求爱无果。他爱上了美丽的表妹，罗克珊(Roxane)，但是，他一旦意识到自己的丑陋，他就会立刻放弃每一个赢得她芳心的希望。他没有利用他强大的技巧来让所有的竞争对手远离，相反，他放弃了自己对爱情的渴望，转而支持一个比自己更英俊的男人。在这种放弃之后，他用他的力量，他的勇气和他的头脑去为这个更幸运的家伙服务，并且尽其所能去帮助他实现愿望。戏剧中高潮的一幕是两位男人在夜晚来到他们共同爱慕的女人的阳台下。西哈诺向他的对手低声耳语，鼓励对手赢得她的芳心。他把自己放在了黑暗中游说者的位置,在自己爱的热火中,忘却了自己也是一位追求者。在最后一刻,他彻底地放弃了,那位英俊的基督徒得到罗克珊的芳心,他升上阳台将她拥入怀中。西哈诺越来越忠于他的对手,在战斗中,他试图拯救基督教的生命,而不是他自己的生命。就好像纵使他的替代者死去,他也不会允许自己去争取罗克珊。

诗人描绘西哈诺的"利他主义"不止于是一场爱的奇遇,这些表明在西哈诺的爱情生活和他诗人般的命运之间的类似性。就像基督徒在西哈诺的诗歌和信件的帮助下获得罗克珊的爱,而高乃依(Corneille)、莫里哀(Moliére)和斯威夫特(Swift)这样的作家,使用了西哈诺默默无闻的作品中的整个场景,获得他们自己的名声。在剧中,西哈诺接受了这一命运。他非常乐意把他的文采借给那个基督徒,就像他赠予天才的莫里哀一样。那些让他感到自卑的缺陷使他觉得,那些优秀的他人是更合适去实现他的愿望和幻想的客体。

细致地观察死亡焦虑现象,最终可以使我们从另一个角度研究利他性让渡的概念。只要很大程度上本能冲动投射于他人的情况发生,对于相关个体而言,死亡恐惧的体验是缺失的。在危险的时刻,那些自我并不能感到自己生活中真实的恐慌。相反,他对自己爱的客体的生活产生了过度的担忧和焦虑。观察结果显示,这些对他的安全至关重要的客体,是他投放本能愿望的替代者。例如,我所描述的年轻女教师,她对女性朋友的怀孕和分娩感到异常焦虑。正如我前面描述的那样,西哈诺在战斗中把基督徒的安全远置于自己之上。

如果假设这是一个被压抑的竞争打破了被防御的死亡愿望的问题，那么这种观点是错误的。有关焦虑和焦虑缺失的分析显示，自己的生活不只是值得活下去，而且存在满足本能愿望的可能。当冲动被别人所取代时，他们的生命变得珍贵而不属于自己。就像基督教的死亡对于西哈诺的意义一样，替代者的死亡意味着一切可实现的希望的破灭。只有经过分析，年轻的女教师在她生病的时候才发现，死亡的想法对她来说是痛苦的。令她感到意外的是，她发现自己渴望活得足够长，以便布置新家，并通过一项考试，以确保她在职业上的晋升。新家和考试标志着，尽管是一种升华的形式，她本能愿望的实现使她能够更多地与自己的生活联系起来。[31]

第四部分

驱力强度下对焦虑的防御（青春期实例的描述）

第十一章　青春期的自我和本我

在人类生活的所有阶段中，本能生活的意义都是不言自明的，而青春期总是最吸引人们的关注。长久以来，伴随着性成熟开始的心理现象已经成为心理学研究的对象。在非分析性的著作中，我们发现了许多引人注目的描述，涉及这一时期青少年性格变化，他们精神平衡的障碍，以及他们个体精神生活中不可理解和相互矛盾的状态。青少年过于自我中心，认为自己是宇宙的中心和唯一的兴趣对象，然而在以后的生活中，他们却没有能力做出如此多的自我牺牲和奉献。他们开始建立最热烈的爱情关系，只是他们会突然中断这一关系，就像他们会突然开始这段关系一样。一方面，他们满腔热情地投入到社区的生活中，而另一方面，他们对独处又有着强烈的渴望。他们在盲目服从自我选择的领袖和反抗任何权威之间摇摆。他们是自私的、物质性的，同时又充满了崇高的理想主义。他们是禁欲的，但又会突然陷入对最原始本能的放纵。有时，他们对别人的行为是粗鲁的、不顾他人的，然而，他们自己却是极其敏感的。他们在轻松愉快的乐观情绪和最深刻的人世悲哀之间摇摆。

有时他们会以不知疲倦的热情工作,有时他们会表现得很迟钝、很冷漠。

我们发现,学院派心理学对于这些现象的两种解释存在巨大的分歧。其中一种理论认为,青春期精神生活的剧变可能是由于身体化学变化而引起的,这些都是性腺体功能开始的直接结果。也就是说,它只是生理变化的心理表现。另一种理论否定了物理和心灵之间存在这种联系的观点。这种理论认为,在心理领域发生的革命性变化是心理成熟的开端,就像身体的变化是身体成熟的标志一样。精神和生理过程同时出现的事实并不能证明其中一个是另一个的原因。因此,第二种理论认为精神的发展完全独立于性腺和本能的过程。这两种理论只在一个点上是一致的:不仅是生理上的,而且是心理上的青春期现象在个体的发展中是极其重要的,这是性生活、爱的能力和人格作为一个整体的开始和根源。

与学院心理学不同的是,精神分析迄今为止几乎没有表现出专注于青春期心理问题的倾向,尽管它常常把精神中的矛盾作为研究的起点。除了一些研究青春期的基础作品[32],我们可能会说,分析作家们忽略了那段时期,并把更多的注意力放在了其他发展阶段。原因是显而易见的,精神分析并不认为人类的性生活始于青春期。根据我们的理论,性生活有两个起点。它在生命的第一年就开始了。在幼儿性早期,而不是在青春期,决定性的发展阶段已形成,重要的前生殖器性欲组织不断发展,不同的本能成分开始形成,正常和异常开始区分,以及个人爱的能力和无能逐渐泾渭分明。早期发展阶段的研究必须阐明性欲的起源和发展,这也是学院心理学青春期研究的期待。青春期只是人类生活发展的一个阶段。它是婴儿性欲时期的第一次重演；在生命的后期，第二次重演发生在更年期。每一段性欲期都是对过去的更新和复苏。当然，每个人对人类的性生活都有自己的贡献。由于青春期通过身体性成熟的萌发将生殖器活动推到台前，生殖器冲动在这一时期取代前生殖期本能成分，并占据了主导地位。在更年期，当身体的性功能下降时，生殖冲动会在最后一段时间爆发，而前生殖器期的冲动形态再次出现。

迄今为止，精神分析著作主要关注的是，人类生活中这三个时期动荡性行为之间的相似之处。它们在自我和本能的力量之间的定量关系中最为相似。在幼年时期、青春期和更年期总是存在着相对较弱的自我和相对较强的本我。因此，我们可以说，它们是一个充满本我活力和自我虚弱的时期。此外，在这三个时期的自我和本我关系中也有一个很强的质性相似之处。一个人的本我在所有时间都保持相等。当它们与自我和外部世界的需求发生碰撞时，本能的冲动是有转变能力的。就本我本身而言，除了从前生殖器期进入到生殖器期的本能目的之外，几乎没有发生任何变化。性的愿望总是伴随着性欲增强随时准备从压抑中冲破出来，而在童年期、青春期、成年期，以及更年期与之相关的客体投注和幻想几乎都没有改变。在人类生活的三个阶段中，力比多增强的三个阶段的质性相似性是由于本我的相对不变性造成的。

到目前为止，精神分析作家对这些时期之间的差异关注较少。这些差异来自于本我与自我之间关系的第二个因素：人类自我的巨大转换能力。本我越是保持不可变，自我就越是具有可变性。让我们把童年早期和青春期自我作为例子，它们有不同的范围、不同的内容、不同的知识和能力、不同的依赖和焦虑。因此，它们在与本能的冲突中使用不同的防御机制。我们可能会认为，对童年期和青春期之间的差异进行更详细的研究将揭示自我的形成，就像对这些时期的相似之处的研究，也会揭示本能生活的原貌。

就像对本能过程的研究一样，在对自我的研究中，后期的发展只能从较早的时候才被理解。在我们能够解释青春期的自我障碍之前，我们必须了解幼年时期的自我状况的本质。儿童自我和本我之间的冲突有它们自己的特殊条件。口欲、肛欲和生殖器期本能满足的需求，与俄狄浦斯情结和阉割情结相关的情感和幻想是极其活跃的；他们所面对的自我正在形成的过程中，所以自我仍然是脆弱和不成熟的。然而，一个小孩子并没有一种不受约束的本能，在一般情况下，他也不会意识到他内心的本能焦虑的压力。儿童虚弱的自我屈从于外部世界，也屈从于抚养者的影响，从而建立起对抗自己本能生活的强大同盟。在这种情况下，自我必须衡量自己弱小的力量，而不是更强烈的本能冲动，如果放任之，那就不可避免地面临屈服。我们几乎不会让孩子有时间意识到他自己的愿望，以及估计他自己面对本能时的强大或虚弱。儿童的自我通过外在世界的承诺和威胁，以及爱的奖励和惩罚简单地对抗本我。

在这样的外部影响下，孩子们在开始的几年里获得了控制他们本能生活良好的能力，但不能确定哪些是因为自我产生的，哪些是由外部力量施加的。如果在冲突的情况下，孩子的自我站在外部世界影响力一边，孩子就被认为是"好的"。如果儿童的自我紧抓本我的同伙，反抗养育者对本能满足的限制，那么他就是"坏的"。研究儿童的自我在本我和外界之间摇摆的科学就是教育学。它寻求的方法就是使教育力量和自我之间的联盟更加紧密，使它们的共同努力更加成功。

儿童的内心也包含了一种内在精神冲突，这是教育所无法触及的。外部世界很快就在孩子的心灵中建立了一个代表：现实焦虑。这种焦虑的出现本身并不能证明一个高等机构的形成，也非良心或超我，但它是它们的前身。现实焦虑是对孩子伤害的预期，是外界对孩子施加的惩罚，这是一种"前痛"，它支配着自我的行为，无论预期的惩罚是否发生。一方面，这种现实焦虑与孩子接触到外界的危险或威胁成正比。另一方面，现实焦虑因本能过程向自我的转变而增强，其中掺杂大量幻想性焦虑，忽略了外在现实的变化，以至于它与现实的联系变得更加松散。可以肯定的是，在小孩子的头脑中，迫切的本能需求与强烈的现实焦虑相冲突，而儿童神经症的症状则是解决这一冲突的尝试。

对这些内心斗争的研究和描述在科学家中存有争议，有些人认为它们属于教育学范畴，而我们确信它们应属于神经症理论范畴。

儿童的自我情形还有另外一个特点，那就是在以后的生活中永远不会再出现。在日后的每一次防御中，斗争双方都同时存在；本能遭遇到或强或弱的自我，并与之妥协。自我在后续的整个生活中需要完成对本能控制的任务，它在本我的本能需求和同时来自外界的现实焦虑的压力下第一时间生发出来了。可以说，自我是按照尺寸制造出来的[33]，它平衡了来自本能冲动和外界压力的双重力量。当自我形成并达到一定的阶段时，我们认为第一个婴儿时期就已经结束了。自我在和本我的斗争中建立起自己的领地。自我已经占据了它在与本我的战斗中所占据的位置，它决定了满足和放弃本能的比例，并在解决各种冲突时能够保持稳定。它已经习惯了某种程度上的延迟来获得它的欲望。它所喜欢的防御方法存在于现实焦虑的标志中。我们可以说，在本我和自我之间形成了一种固定行为模式。从一开始，双方都在坚守。

在不多的几年时间里，情况发生了变化。潜伏期开始后，本能的力量在生理条件下减弱，而在自我的防御战中处于休战状态。自我可以腾出时间来关注其他任务，它扩展了自己的容量，获得了新的内容、知识和能力。与此同时，它与外部世界的联系变得更加强大，它没有那么无助和顺从，也不认为这个世界像以前那么全能。当它克服了俄狄浦斯情结之后，它对外部客体的整体态度就会逐渐改变。对父母的完全依赖变得越来越少，认同开始取代客体爱。那些父母和老师所反对的、他们的愿望、要求和理想都在不断形成内射。在他的内心世界里，外部世界不再仅仅被视为一种现实焦虑的形式。儿童在他的自我中建立了一个代表外界要求的永久机构，我们称之为超我。与此同时，随着自我的发展，儿童的焦虑也发生了变化。对外部世界的恐惧越来越小，自我的焦虑对象由旧的势力替换为新代表——超我、良心和内疚感。这意味着，潜伏期的自我在控制本能过程的斗争中获得了一个新的盟友。良知的焦虑促使人们在潜伏时期对本能进行防御,就像婴儿早期的现实焦虑所引发的那样。和以前一样,很难确定,在潜伏期中获得的本能控制有多少是由自我本身和超我的强大影响所决定的。

但是,潜伏期所提供的休整状态不会持续太久。自我和本我两个对手之间的斗争几乎没有短暂的停止,只有当斗争的某一方实力增强,势力平衡的基础才会发生改变。身体性成熟的生理过程带来一种对本能过程的复苏,并以一种力比多的涌入状态带到了精神层面。自我和本我之间建立的稳定关系被摧毁了,痛苦的心灵平衡被打破了,结果是两家机构之间的内在冲突重新爆发了。

对本我的注意一开始就比较少。潜伏期和青春期之间的阶段,所谓的青春期前期,身体的性成熟已经开始准备好了。本能的生活没有发生任何质的变化,但是本能能量的数量却在增加。这种增加并不局限于性生活。有更多的力比多在本我支配范围之内,它不加区分地将这些本我冲动投注出去。侵略性的冲动被强化到完全无规则的程度,饥饿变成贪婪,而潜伏时期的顽皮变成了青少年的犯罪行为。消失了很久的口欲和肛欲兴趣再次浮出水面。在潜伏期中辛苦获取的整洁的习惯很快被肮脏和混乱取代,谦虚和同情也被暴露的快感、残忍和对动物的虐待所取代。在自我的结构中被牢牢地确立的反向形成面临着四分五裂的局面。与此同时,已经消失的旧的倾向也进入了意识之中。俄狄浦斯的愿望以幻想和白日梦的形式实现,在这些幻想中,它们几乎没有被扭曲;男孩的阉割想象和女孩的阴茎嫉妒再次成为人们关注的焦点。这些侵入者几乎没有什么新元素。它们只会让我们再一次了解到我们所熟悉的儿童早期的性行为。

但是，重新出现的婴儿性欲面对的不再是旧有的情形了。婴儿早期的自我是不发达的，不确定的，容易受到本我的压力和结构的影响；恰恰相反，在前青春期阶段，它是刚性和稳固的。它已经知道自己的意愿了。儿童自我能够突然地反抗外部世界，并以自我为中心来获得本能的满足。但是，如果青少年的自我也这样做，它就会卷入与超我的冲突中。它与本我和超我之间的紧密联系，以及我们称之为个体的特征，使得自我不易屈服。自我只知道一个愿望：保留在潜伏期中的特征不变，重新建立旧有的强制关系，以同样增强的防御强度来应对不断增多的本能需求。在维持自身存在的斗争中，自我受到了来自现实焦虑和良心焦虑的压力，不加选择地使用所有的防御方式，自我在婴儿期和潜伏时期都使用过这些方式。自我使用的防御有：压抑、移置、否认和反转，它将本能转向针对个人自身。它制造了恐怖症、癔症症状，以及与强迫性思维和强迫性行为相关的焦虑。当我们单独考察每一个个体自我和本我之间的斗争时，我们就会意识到，几乎所有的青春期前期令人不安的现象都对应着冲突中的不同阶段。不断增加的幻想性活动，前生殖器期的躁动，非正常的性欲满足方式，攻击行为和犯罪行为都宣告了本我的部分胜利。焦虑的出现，禁欲的产生，以及神经症症状和抑制的表现都是本能防御的结果，也是自我的部分成功。

身体的性成熟和青春期的开始带来了量变和质变。在此之前，本能投注的增强一直是普遍的,没有区别的。现在情况发生了变化(至少在男性的青春期),生殖器的冲动更具有优先权。在精神领域,这意味着力比多的投注从前生殖器的冲动中消退,而集中在生殖器的感觉、目标和客体表象上。因此,生殖器行为使其具有了精神上的意义,而前生殖器期的倾向则被归为背景。首先是外在形势的明显改善。那些青少年教育者对前青春期的本能生活的特征感到担忧和困惑,现在他们可以松一口气,因为整个混乱、攻击性和反常行为的状况已经像噩梦一样消失了。生殖器的男子气概成功地获得了一个更有利、更宽容的评判,即使它还不完全在社会习俗允许的范围之内。然而,这种生理上的前生殖器期行为的自然痊愈是青春期自然发育的结果,这在很大程度上具有欺骗性。它起到一种令人满意的补偿作用,但只有在明确的前生殖器期固着存在的情况下才会发生。例如,一个被动的和女性化的男孩,当他的性欲被转移到生殖器时,他就会突然转到男性活跃的位置。但这并不意味着,阉割焦虑和冲突使他的女性化特点得以解决或废除。它们只是被一过性生殖器投注的增加所掩盖。当青春期本能强度降低至成人生活的正常水平时,它们可能会原封不动地再次出现,并影响到他的阳刚之气。同样的情况也发生在口欲期和肛欲期,这在青春期性欲冲动的情况下短暂地失去了意义。尽管这些意义一直保持生命力,但是,前生殖器期固着形式的病原性倾向在日后的生活中还会再次出现。即使不是在儿童期和前青春期的口欲或肛欲的兴趣,而是生殖器兴趣占据主导地位,补偿作用在青春期也难起到成效。有露阴癖倾向的男孩尤甚。在这种情况下,青春期的生殖冲动不仅不能减轻障碍,反而与之同流。婴儿的反常性行为没有自愈的可能,相反,有一种极度令人不安的恶化现状。阴茎的倾向会不断提高,病人的生殖特征被异常夸大,变得难以控制。

本能目标正常或异常的评估完全取决于成人外在世界的价值观,极少或完全没有青少年自我的参与。内在的防御斗争继续进行着,并不把他们当回事。青少年自我对待本我的态度首要的是从数量角度而非性质角度出发。问题的关键不是这样或那样本能愿望的满足或拒绝,而是童年期和潜伏期心理结构整体上和总体上的本质。斗争在两种极端情况下可能被终止。要么变得强壮的本我完全压制了自我,在这种情况下,个人之前的特征不会留下任何痕迹,而成人生活的开端将会被一种狂放不羁的本能满足所标记。要么自我获得了胜利,在这种情况下,潜伏期的个性得以永久保持,青少年的本能冲动被限制在孩子的本能生活所规定的狭窄范围内。无处使用的力比多补助需要反投注、防御机制和症状所消耗的固定花销来保持节制。除了导致本能生活的萎缩之外,获胜的自我日益僵化,并对个人造成永久性的伤害。自我的机构在青春期的冲击下没有屈服,在生活中始终保持着不可动摇的和不容置疑的态度,对不断变化的现实所要求的调节充耳不闻。

为了斗争在一个或另一个极端方向上结束,为了机构之间妥协意义上和平地解决,以及为了很多变化的中间阶段,人们最希望获得相应的定量因素,即绝对本能强度的变动。但是对个体青春期发展的分析性研究不同意这种简单的解释。当然,事实并非如此,当本能因为生理原因变得更强时，个体必然更加冲动。另一方面，随着本能力量的下降，这些心理现象变得更加突出，自我和超我发挥了更大的作用。就像我们从神经症症状和经前期综合征所了解到的那样，每当本能的需求变得更加迫切时，自我就增加防御程度。当本能的需求没有那么紧迫时，与之相关的危险就会减少，同时自我的现实焦虑、良心焦虑和本能焦虑也会减少。只要本我不是压倒性的，其间的关系正好相反。本能需求的增加迫使自我增强抵抗，由此产生了症状、压抑等情况。如果本能变得不那么紧迫，那么自我就会变得更放松，更愿意接受满足。这就意味着，青春期的本能绝对强度（无论如何都不能独立测量或估计）无法预测青春期的最终问题。决定因素是相对的：首先，本能冲动的强度受青春期生理过程的制约；其次，自我对本能的容忍或不容忍取决于在潜伏期中形成的性格；第三，在量化范围内，作为冲突中的关键性定性因素决定了自我防御的方式和效力，以及自我的确定性，这些确定性依据于自我的构造、癔症和强迫性神经症的秉性以及个人的发展状况。

第十二章　青春期的本能焦虑

我们一直认为人类生活中力比多增加的阶段对于本我分析性研究是非常重要的。那些在其他时间里不被注意的或无意识存在的愿望、幻想和本能过程,通过高强度地向意识投注而不断增多,在必要时,它们将克服因压抑制造的阻碍,并为观察提供入口。

但是,自我的分析性研究有足够的理由将自己的兴趣聚焦到力比多提升时期。正如我们所看到的那样,本能冲动的强化间接地影响了个体试图克服本能的努力。自我的一般化的努力倾向在本能生活中的平静时期很难被注意到,它因此获得了一种新的确定性,而潜伏期或成年期突出的自我机制可能被过分增强,从而导致一种病态的人格扭曲。在青春期有两种特殊针对本能生活的自我态度,在它们的增长中,为观察者带来新的活力,并获得理解某些特殊类型的钥匙:青春期的禁欲主义和理智化。

青春期的禁欲主义——我们习惯于将或轻或重的神经症疾病看作是本能压抑的结果,而青少年对本能的敌对性超过了我们的想象,我们总能在其中观察到他们本能的过剩、本能的侵犯性和其他互相矛盾的态度。在其表现形式和范围的宽度上，它们与明显的神经症症状的相似性不及宗教虔诚者的禁欲主义。在神经症中，我们可以看到，本能的指令总是通过压抑和本能的种类与特质联系在一起。这就是说，癔症患者压抑了与俄狄浦斯情结欲望客体联系在一起的生殖器冲动，表现出另外的本能欲望，比如肛欲的或攻击性的冲动。强迫性神经症的压抑针对肛门施虐性愿望，将已发生的退行作为性欲的盛器。但是，他们能够忍受口欲的满足，并且对裸露癖冲动没有特别的异议，只要它们与神经症的核心性质没有直接的联系。在抑郁症中，患者的口欲倾向尤其被否定，而恐惧症患者则会抑制与阉割情结相关的冲动。在这些案例中，没有一种对本能的否定是盲目的，我们总能在分析它们的时候，发现本能被压抑的特质与个体将其从意识中驱逐出来的原因之间存在必然的联系。

当我们分析青少年的时候，我们会发现他们对本能的否定是另外一种景象。他们将本能生活特殊的禁止中心作为他们的起点，也许也会将那些能够释放他们欲望的前青春期乱伦幻想或者是不断增多的手淫行为作为起点。但从这一点来看，它们或多或少不加区分地在整个生活中扩展开来。就像我已经说过的，在青少年中，这并不与本能愿望的满足或拒绝相关，而是和自己的本能享受或放弃相关。青少年经历过一个禁欲阶段，他们看起来是害怕本能的数量，而不是它的本质。他们对享受的不信任是普遍的，所以非常确信的是，日益增强的禁止很容易碰到不断增加的需求。每一个本能的"我要"都将遭遇自我的"你不许"，这和严格的父母在最早养育时期对待小孩的方式没有什么不一样。青少年对本能的不信任具有更加危险和激进的特征。它可以从真实的本能欲望扩展到日常生活的身体需求。我们从日常生活的观察中可以发现这些青少年的特征,他们强烈地拒绝那些与性相关的任何需求,避开那些同龄人的群体,回避任何娱乐活动,并且以清教徒式的方式,杜绝与剧院、音乐或舞蹈有关的任何信息。放弃美丽悦目的衣服正好与性欲禁止匹配。但是,我们不禁为此担忧,如果对无害和必要需求的拒绝蔓延开来,以及这些青少年拒绝最普通的防冻措施,在每一种关系中清心寡欲,那么他们将遭受不必要的健康损害。他不仅避免特定的口腔享受,"原则上"把日常食物降到最低;从一个贪睡的人成为一个强迫早起的人;他不愿意大笑或微笑;在极端的情况下,他尽可能延缓粪便和尿液排放,理由是人不能屈从于每一个需要。

还有一种观点认为,这种对本能的拒绝与普通的压抑不同。我们通常可以看到,在神经症条件下,只要本能满足因压抑遭到干扰,替代性满足就会产生。癔症通过转换(Konversion)来达到目的,也就是说,性冲动的释放是通过性欲化的身体部分或身体过程而达到的。强迫性神经症通过退行性快感替代获得,而恐怖症至少是通过疾病的继发获益而达成目标的。另外,替代禁止满足的方式有延迟满足、反向形成;在真实的神经症症状中还有癔症性发作、抽搐、强迫行为和忧郁等等。我们知道,这是一种妥协方式,意味着自我和超我的禁止强度不能比本我的本能需求更有力。另一方面,青少年对本能的拒绝没有给这些替代满足留下余地,看起来它们还有其他的方式。这些方式与神经症症状的妥协不同,也和通常的防御机制——移置、退行和转向自身——不同。我们能够发现,它们有规律地在禁欲主义和本能过剩之间摇摆,它们会突然不顾外界的限制,允许先前被禁止的事情发生。由于他们的反社会性特征,这些青少年的过激行为本身就是不受欢迎的表现。尽管如此,从分析的角度来看,它们代表了短暂的禁欲状态的自发恢复。如果这样的自我痊愈没有发生,如果自我通过一些无法解释的手段使用强大的力量将本能拒绝贯彻到底,那么结果就是日常生活的瘫痪,同时也会导致一种紧张状态。我们不再视这种状态是普通的青春期进程,而把它看做是一种精神病性的症状。

问题在于,我们是否有真正的理由来区分青春期躁动状态下的本能拒绝和因压抑而导致的普通的本能拒绝。这种概念区分的基础是,在这些过程的开始,对于本能数量的焦虑多于对本能需求性质上的焦虑,以及在这些过程的结局,为了相互并列或相互联系,它们从替代满足和达成的妥协中撤出。更准确地说,在本能放弃和本能过剩中转换。从另一方面来讲,对于最普通的神经症性压抑,被拒绝的本能数量上的投注发挥了重要作用。在强迫性神经症条件下,禁止和允许的相继是稀疏平常的事情。尽管如此,我们还是有这样的印象,青春期的禁欲主义存在一个比普通压抑更原始、失整合的过程。这可能与一些特殊事件或压抑行为的预备阶段有关。

很久之前,神经症的分析性研究就已经有了一种推论,人类生活中有一种拒绝本能的倾向,特别是性本能,这些与个人所有经验和特殊的选择无关,它作为一种种系发育的遗产很早就存在了。也就是说,本能压抑的沉淀在先祖已经开始,个体的生活只是在延续这一状况,并没有什么新的样式产生。布洛伊尔把这种对待人类性生活的双重态度(既厌恶又渴望)用概念——矛盾情感——进行了标记。

在平静的生活中,自我最初的本能对抗(对本能力量的恐惧),正如我们所称的那样,只是一个理论上的概念。我们推测,它必然是本能焦虑的基础。但对于观察者来说,它往往被更显眼和更嘈杂的现象所掩盖,这些现象与现实焦虑和良心焦虑相匹配,并可以追溯到重大的个人意外事故中去。

青春期本能大量的增长和其他时候个体生活中的本能突然爆发有可能是一样的,自我原始的本能敌对性促进了活跃的防御机制产生。如果是这样的话,青春期的禁欲主义并不是一系列的自身特质性压抑行为,而正好是自我和本能之间无区别的、原初和原始的天然敌对状态。

青春期的理智化——在力比多突进的条件下,自我的通常性态度提升了真实的防御机制的意义。如果这种看法是正确的话,那么这一观点也可以扩展到青春期自我的其他变化中去。

我们知道,青春期讨价还价的区域都发生在本能和情感生活中,而且,当它直接参与控制本能和情感生活时,自我总是会进行二次修正。但是,青春期变化的范围自然不会就此消失殆尽。在青春期爆发的条件下,青少年的本能显得十分活跃;这是可以理解的,不需要进一步解释。

但他们变得更加有道德感和禁欲主义；这是由于他们自我和本我的内在斗争造成的。他们也变得更加灵活，所有的理智化需求也得到增长；在一开始，我们并不清楚，理智发展的进程与本能发展的进程，以及增长的防御要求下自我发展的强化有什么关系。

一般来说，我们应该会发现，本能或情感的风暴与主体的智力活动存在相反的关系。即使在正常恋爱状态下，一个人的智力能力也会下降，他的理智也比平时更不可靠。他越是渴望去实现他的本能冲动，他就越不倾向于把他的才智放在它们身上，并在理性上检验它们的基础。

乍一看，青少年的情况恰恰相反。某种类型的年轻人在智力发展方面的突然迸发和他在其他方面的快速发展一样引人注目和令人惊讶。我们知道，在潜伏期，男孩的整个兴趣集中在实际和客观存在的事物上。

发现和探险、数字和比例、奇怪动物和物体的描述支配了某些男孩的阅读兴趣，而另外一些则热衷于简单和复杂的机械。这两类兴趣的共同点是，他们所关注的对象一定是精确的，并不是儿童早期神话和童话中的幻想物，而是真实的物理存在。从前青春期开始，潜伏期具体的兴趣越来越向抽象化转变。特别是像《延长的青春期》里描述的贝恩菲尔德般的少年一样，他们孜孜不倦地去阅读和思考抽象的主题。很多青年人的友谊是建立在共同的思索和讨论基础上的，并以此得以维系。他们关注的主题和他们尝试去解决的问题是非常深远的。他们通常关注自由爱情的形式、婚姻和家庭、自由或职业、周游世界或安家立业、宗教问题或自由思想、不同形式的政治、革命或屈从，以及友谊本身。当我们在分析中有机会听到青少年真实的谈话,仔细查看他们的日记和记录时,我们不仅仅惊叹他们思维的宽度和深度,而且会发自内心地尊重他们的体会和理解、表面的优势和实质上对困难问题探究中所充满的智慧。

当我们把观察对象从理智化过程转移到青少年生活的真实状况时,我们的观点会发生改变。我们惊讶地发现,所有突出的理解能力和青少年的行为本身很少有或完全没有关系。他们对他人心灵的共情理解并不能阻止他对亲密客体的鲁莽和轻率。他们崇高的爱情观和对爱人的义务并不能减轻他们在热恋中反复犯下的不忠和麻木不仁。青少年对社会结构的理解和兴趣程度超过了日后的成年期,但这并不能帮助他顺利地进入到社会生活中。他们兴趣的多样性并不能阻止他们的生活集中在单一的点上,即对他们性格的关注。

特别是在分析性治疗的条件下分析这些理智的兴趣时,我们发现,它们在一般意义上完全和理智化没有一丝关联。我们不能认为,一个青少年思考爱的不同情况或在职业的选择上能够想出正确的行为,而一个成年人可能去行动,或者一个潜伏期的男孩研究机械,可以将它们拆开,然后组装起来。青少年的理智似乎只是在做白日梦。即使是前青春期的雄心勃勃的幻想,也不打算被翻译成现实。当一个年轻的小伙子幻想自己是一个伟大的征服者时,他并没有在现实生活中有任何责任证明他的勇气和耐力。同样地,他显然从单纯的思考、推测和讨论中获得满足感。他的行为是由其他因素决定的,并不一定受思考、沉思或讨论结果的影响。

对青少年理智过程的分析性研究使我们注意到其他方面的问题。进一步的研究表明，他们主要感兴趣的对象与不同心理机构之间的冲突是相同的。这里涉及如何将人类本性的本能与生活的其余部分联系起来，如何将性冲动付诸实践或放弃它们，以及自由或限制自由、反抗或服从权威等问题。正如我们所看到的，对本能公开禁止的禁欲主义通常不会达到青少年的期望。因为危险无处不在，他们必须四处寻找方法来克服本能。对本能冲突的透彻思考——他们的理智化——似乎是这样的方法。对本能禁欲主义式的逃离为他们所用，但是，这仅仅停留在思考的、理智的层面。

青少年所喜爱的抽象的智力讨论和推测并不是真正去尝试解决现实所设定的任务。他们的心理活动更像是对内在本能过程过度的警觉，以及对他们所感知到的抽象思维的转换。他们所建构的生活哲学可能是他们对外部世界进行革命的需求，这是他们对自己本能新的需求的回应，这种威胁甚至会大到颠覆他们的整个生活。当所有新的和充满激情的客体关系变得不长久时，他们对友谊的理想和永恒的忠诚只不过是自我感知到的担忧之镜像。[34]对本能力量的斗争结果多半是令人无望的，由此产生对优势和支持的渴望可以通过有关人类无法达成独立政治决策的论证进行巧妙地转换。

我们记得在精神分析的元心理学中，情感和本能过程的联系是通过言语表象得以描述的，这是本能掌控的第一步，也是最重要的一步。个体在他们的发展中逐渐接受了这一特点。思考在这里作为一种基于"最小本能数量使用的探测行为"而呈现出来。这种本能生活的理智化,试图将本能过程与意识中可以处理的思想联系起来,它们是最普遍的、最早的,也是最必要的人类自我意识的一种。我们认为它不是自我的活动,而是它不可或缺的组成部分。

我们再一次获得这样的印象,那些概括为"青春期的理智化"的各种现象即为力比多爆发的特殊条件下自我机构的壮大。自我所做的就是通过简单的数量上的增加来集中对本能的注意力,在其他时间它保持沉默、旁观和顺其自然。如果是这样的话,那就意味着青春期理智化的增强仅仅是自我通过思维方式来控制本能的一种表现形式,也可能是内在过程不断增强的理智理解作为每一种精神病性发作的开端。

沿着这种思路研究下去,我们可能得不到额外的收获。如果每一次本能投注的增加自动促使自我加倍对本能过程的理智化准备,那么本能危险会使人们变得更聪明;而本能蛰伏时的非危险时期,个体自然会允许自己变得更笨一些。在这方面,本能焦虑的作用和现实焦虑别无二致。真实的焦虑和真实的匮乏促使人们使用理智的功能,并尝试去解决问题,而真正的安全和丰富使人变傻和慵懒。对本能过程理智化的关注正好和警觉相匹配,这些警觉使得自我增加识别危险现实的能力。

到目前为止,我们用了另外一种解释方式来说明潜伏期开始时儿童智力的下降。儿童聪明的智力成就与他们对性探索密切相关,当性的话题成为禁忌时,思想的禁止和抑制延伸到生活其他领域中。随着前青春期的性欲重燃,儿童早期性压抑的瓦解,古老力量的智力能力重获青春,人们对此并不感到惊讶。

我们可以尝试把惯常的解释进一步延伸。潜伏期的儿童不需要抽象的思考，这对他们来说是没有必要的。婴儿期和青春期是一种本能的危险期，他们的"智力"至少在一定程度上是为了帮助他们克服这种危险。而在潜伏期和成人生活中，自我相对较强。自我理智化的努力使个体伤害减小到最低程度。同时，我们也不能忘记，青春期的理解能力尽管表现得绚烂夺目，但在很大程度上无果而终。这在某种意义上是正确的，即使是早期儿童的智力成就，我们也非常钦佩和珍视。我们不禁思考到，精神分析对婴儿性欲研究有非常明确的表述和理解，但基本上完全没有对成人性欲理论真正的事实提供帮助。儿童性欲研究的结果一般情况下形成了婴儿性欲理论，但它不是真实情况的掌握，而是观察儿童内在心理本能过程的反映。在潜伏期和成人生活中，自我的智力工作是相当牢固和可靠的，最重要的是，更紧密地和它的行为联系在一起。

青春期的客体爱和认同——我在前面描述了自我对焦虑和危险的防御过程，如果我们把青春期禁欲主义和理智化归为同一类型，那么这两者在这里应属于第三种防御机制。威胁自我的危险，即是本能的洪流；受自我调控的焦虑是对本能数量的恐惧。我们相信这种焦虑源于个人发展的早期。在时间上，它属于自我从未分化的本我脱离出来的时期。在恐惧本能力量的压力下产生的防御策略将维持自我和本我之间的区分，保证新建立起来的自我组织的独立性。因此，禁欲主义的任务是通过简单的禁止来限制本我的力量，理智化的目标则是通过与意象内容的紧密联系更从容地控制本能过程。

随着性欲的突然爆发,个体又回到了对本能力量恐惧的原始阶段,剩下的本能和自我过程肯定会受到影响。接下来,我将选择两个最重要的青春期特征,探索它们与自我退行过程的联系。

青少年生活中最显著的现象在根本上是与他们的客体关系联系在一起的。正是在这里,两种对立倾向之间的冲突最为明显。我们已经看到,因一般化的本能对抗而导致的压抑,通常会选择乱伦幻想作为他们第一个攻击点。自我的猜忌和禁欲主义姿态首要是针对童年期所有客体爱的联接。一方面,青少年倾向于孤立自己;从那时起,他们像陌生人一样和家人住在一起。另一方面,本能厌恶从客体关系蔓延到超我机构。总体看来,这一时期超我仍然受来自与父母关系的力比多的灌注,它本身被看作是一个可疑乱伦客体,从而导致自己的禁欲主义。自我也疏远了超我。青少年把超我的部分压抑,以及与内容的疏离,视为青春期最大的困扰。自我和超我之间关系的振动的主要作用是增加了来自本能威胁的危险。个人终将成为一个社会的人。在障碍形成之前,由自我和超我之间的关系而产生的良心焦虑和内疚感是自我与本能斗争中最有用的帮助。在青春期开始的时候,我们可以观察到,超我的所有内容有一种明晰的、短暂的过度填充的尝试。这可能是青春期所谓"理想主义"的原因。现在的情形是这样的:禁欲主义,作为日益增强的本能危险的结果,再次通过与超我关系的震荡,使得针对超我焦虑的防御措施失败,并促使自我积极地回退到纯粹的本能焦虑和原始的保护措施阶段。

自我孤立和预防危险只是很多倾向中的一种，这些倾向在青少年的客体关系中得到了认同。儿童客体压抑关系的替代物产生了无数新的连接，有一部分是和同龄人的连接，它们以真挚的友谊或者和全然的热恋表现出来，有一部分是和领袖人物相关，很明显它是被遗弃的双亲关系的替代。这些爱的关系热烈且专一，但是持续时间短暂。开始选择的客体可以无视对象的情感而抛弃，然后再寻找其他的对象。被抛弃的对象很快地和完全地被忘记；只有关系的形式只在最低程度保留，然后又开始重复寻找一段真挚的客体关系。

除了对爱的客体显著的不信任外，青春期的客体关系还有第二个特殊的特征。青少年的目的并不是要把自己的目标放在日常的物理意义上，而在于尽可能地把自己同化到那个在他的感情中占据中心位置的人身上。

青少年的变化多端是司空见惯的。在书写、说话方式、发型、衣着和各种习惯上，他们比任何其他时期都更能适应环境。通常，我们一眼就能看出谁是他崇拜的那个老朋友。但他们的变化能力不止于此。他们的生活哲学，他们的宗教和政治，随着外在的偶像而改变。尽管他们经常改变，但他们总是坚定而热切地相信他们如此急切地采纳的观点是正确的。在这方面，他们与海伦·朵尔奇（Helene Deutsch）（1934）描述的"似乎"（Als ob）类型相似，这种类型在成人心理学的临床研究中，处于神经症和精神病之间的中间阶段。[35]因为在每一个新的客体关系中，他们似乎真的过着自己的生活,并表达他们自己的感觉、看法和观点。

在一个青少年的分析观察中,这些转化过程的机制能够很清晰地被看到。在一年的时间里,她有好几次这样的变化,从一种友谊到另一种友谊,从女孩到男孩,从男孩到老年妇女。在每一次变化中,她不仅对被抛弃客体漠不关心,而且紧随其后的是强烈的、近乎蔑视的厌恶,甚至觉得他们之间的任何偶然或不可避免的会面几乎让人无法忍受。经过更长时间的分析努力,我们终于发现,这些对她先前朋友的感情完全不是她自己的。在每一次客体选择时,她都强迫性地在内在和外在的事务上接收新客体的形式和观点。因此,她的感受是那些新选择朋友的,而不是自己的。对先前爱的人的厌恶也不是她自己的感受,而是一种对新朋友感受的移情式体验。通过这种方式,她表达了他对之前她所爱的人的幻想性嫉妒,或者是他的,而不是她自己的对潜在情敌的蔑视。

青春期,及其相似阶段的心理状态都可以描述得非常简单。青春期热烈而短暂的爱的关系根本不是成人意义上的客体关系。它们是对最原始类型的认同,存在于婴儿最早期的发展阶段,客体爱开始之前。另一方面,青春期的不忠是因为在其内心根本没有爱或确定的选择,而是一种特定人格缺失的认同性选择。

对一个十五岁女孩的分析所揭示的过程,可能会对这一认同倾向的作用带来进一步的了解。这位女病人是一位优雅而美丽的女孩,已经在她的社交圈里扮演了一个角色,但尽管如此,她还是被一个仍只是个孩子的妹妹疯狂的嫉妒所折磨。在青春期,病人放弃了她以前所有的兴趣,从那时起,她就被一种欲望驱使着去赢得朋友们的钦佩和爱。她和一个比她大的男孩全然坠入爱河,她有时会在聚会或舞会上和他碰面。在这段时间里,她给我写了一封信,信中表达了她对这段爱情的疑虑和担忧。

"请告诉我",她写道,"当我遇到他时,该如何表现?我应该是严肃的,还是兴高采烈的?如果我表现出我是聪明的,或者我假装自己是愚蠢的,他会更喜欢我吗?你会建议我一直谈论他吗?还是我也要谈谈我自己?……"在我们接下来的碰面中,我当面回答了她的问题。我建议说,也许事先没有必要计划好她的行为。在那时,她不能做自己,不能按照自己的感受行事吗?她很肯定地回答到,不能。她用了很长的一段话来阐述了自己适应别人的喜好和愿望的必要性。

不久,这个病人谈到了一个幻想,她描绘了世界末日的样子。她问,如果每个人都死了,会发生什么?她列举了所有的朋友和亲戚,直到最后她幻想自己独自一人生活在地球上。从她的声音和语调,以及所有详尽的描述中,可以清楚地看到这是她的愿望表象。在其中,她感到兴奋,没有恐惧。

在这一点上,我让她想起了她对被爱的强烈渴望。就在前一天,一个朋友不喜欢她和失去了他的爱的简单想象让她陷入绝望。但是,如果她是人类唯一的幸存者,谁会爱上她呢?她平静地否定了我前一天对她的担忧。"在那种情况下,我应该爱自己。"她说,仿佛她终于摆脱了所有的焦虑,她深深地叹了一口气。

对这个个案简单的分析性观察,向我们呈现了青春期特定的客体关系特征。通过旧的客体关系的震荡,以及本能拒绝和禁欲主义,青少年的外在世界开始了去性化的过程。青少年处在这样的危险中,他们将周围客体的力比多撤回到自己身上,相应地,从客体爱退行到他们的自我和力比多生活中,从而导致自恋。他们通过极大的努力摆脱这种危险,重新找到外在客体的入口,即使这只能通过他们自恋的和认同的方式来实现。根据这个观点,青少年热烈的客体关系具有尝试修复的特点,尽管它们类似精神病性发作开始时的状态。

我在上面的阐述过程中,经常将青春期特征性细节和严重的疾病表象进行比较,尽管这些观点还不足够完备,但还是有必要将青春期过程中的正常或异常多做一些阐述。

我们已经看到,将青春期和精神病发作早期进行比较的基础是定量化的投注变化。在两种情况下,增强的本我投注一方面增加了本能的危险,另一方面提高了各种形式的防御强度。在精神分析中一直都有这样的认识,因为这些定量的过程,在人类生活中每一段时间里,力比多增加都可能是神经症或精神疾病的起始点。青春期过程和精神病发作的相似性表明原始的防御态度就此诞生。这些防御与本能力量的自我焦虑相关,也与所有现实和良心焦虑相关。在任何一个人的青春期过程中,他的正常和异常很可能取决于我所列举的这些特征中的一个或是其他特征。禁欲的青少年对我们来说是正常的,只要他的智力是自由的,他有许多健康的客体关系。类似的情况也适用于那些理智化类型的人、理想主义的青少年,以及那些把一种热情的友谊转到另一个身上的类型。但是,如果禁欲主义过度实施,理智化超过了其他的理解功能,以及和别人的关系完全基于变化的认同,那么,对于教育者和精神分析师来讲,就不那么容易区分这些情况是一种正常的发展阶段,还是已经是一种病态。

结语

在前面的章节中,我试图根据具体的焦虑情况来分类各种防御机制,我已经通过一些临床例子来说明我的观点。随着我们对无意识自我行为认识的提升,一个更精确的分类可能会成为现实。在个体发展的典型经验与特定防御模式产生之间的历史联系仍然是相当模糊的。我的例子表明,否认机制的典型方式有助于阉割意象的加工和客体丧失的体验。在某些条件下,本能冲动的利他性让渡似乎是克服自恋损伤的一种特殊方式。

基于我们现在的知识,我们能更好地了解自我对内和对外的防御活动之间的差异。压抑的功能是排除本能及其衍生物的影响,而否认则是排除外在世界的刺激。反向形成确保了内在压抑冲动的回归,相反事实的幻想保证了对外界干扰的否认。对本能冲动的抑制,对应于对自我的限制,避免了外部来源的不快。本能过程的理智化作为内在危险的预防,类似于自我对外界危险的警觉。所有其他的防御过程,如在本能变化过程中存在的反转或转向自身,都是自我通过积极的干预改变外在世界的尝试。

　　这种平行过程的比较提出了一个问题：自我从何处获得防御机制的形式？与外部力量的斗争是基于本能防御的原型吗？或者反过来说：外部斗争中采取的措施是各种防御机制的原型吗？这两种情况之间的抉择几乎不可能清晰明了。婴儿的自我同时经历了本能和外部刺激的双重冲击；为了保护自己的存在，防御必须同时两线作战。最有可能的状况是，在克服各种刺激的斗争中，自我尽可能地适应内在和外在世界的特性。

　　自我是如何遵循自己的法则来对抗本能，以及它在多大程度上受到本能本身的影响？也许最简单的方式是通过比较事件过程的亲缘性区域，即与梦的变形之间的关系来得以明晰。将潜梦的思想转化为显梦的内容，是在审查员的作用下进行的，审查员在睡眠中替代了自我的功能。但是梦的工作本身并不是由自我完成的。在梦中出现的凝缩、移置和许多奇怪的表示方式，都是对本能的特殊处理，目的是意图的扭曲。同样，各种防御措施也不完全是自我的工作。本能过程本身的影响力，取决于本能的特殊属性。自我的意图在于把本能目标从单纯的性欲状态转向更高的社会价值目标，比如在本能过程的移置作用的帮助下，转化为升华机制。通过反向形成，自我的压抑确保了本能倾向可以逆转。我们可以假定，防御过程的稳定性是与两个固定的基础紧密联系在一起的，一方是自我，另一方是本能过程的存在。

　　即使自我并没有完全自由地设计它所使用的防御机制，我们对这些机制的研究却给我们带来了巨大的影响。神经症症状本身的存在表明，自我已经被过度地控制了。而每一种被压抑物的回归，伴随着妥协的形成，表明一些有意图的防御已经受挫，自我也遭受了失败。当防御机制如愿以偿时，也就是说，当自我在防御机制的帮助下，成功地限制了焦虑和不快的发展时，或者通过必要的本能转换，使得个体在困难的条件下仍能够获得本能满足时，以及本我、超我和外界力量尽可能和谐一致时，自我就是胜利的。

注释

1. 威廉·赖希《性格分析》,维也纳,1933。
2. 参见《抑制、症状和焦虑》。同时参见本书第30页,第7行。
3. 《抑制、症状和焦虑》,《弗洛伊德全集》,第11卷,第106页。
4. 《嫉妒、偏执和同性恋的一些神经症机制》,《弗洛伊德全集》,第5卷,第387页。
5. 《本能和本能命运》,《弗洛伊德全集》,第5卷,第167页。
6. 见珍妮·兰帕尔德·格鲁特(Jeanne Lamplde Groot)在维也纳协会研讨中的观点。
7. 见海伦·朵尔奇(Helene Deutsch)的观点。
8. 《抑制、症状和焦虑》,《弗洛伊德全集》,第11卷,第107页。
9. 同时参考《弗洛伊德全集》,第10卷,第81页,以及下面英国学派引证的观点。
10. 此种观点最极端的代表是威廉·赖希,很多人也和他有同样的观点。
11. 《抑制、症状和焦虑》,《弗洛伊德全集》,第11卷,第47页。
12. 《自我和本我》,《弗洛伊德全集》,第9卷,第403页。同时参见《抑制、症状和焦虑》,《弗洛伊德全集》,第11卷,第31页。文中提醒到,在压抑过程中,超我的作用被高估,并强调了定量因素的意义,如过度刺激。
13. R. Wälder, Das Prinzip der mehrfachen Funktion. Int. Ztschr. f. Psychoanalyse, XVI, 1930, S. 287 f.

14. F. Alexander, Ober das Verhältnis von Struktur-zu Triebkonflikten. Int. Ztschr. f. Psychoanalyse, XX, 1934, S. 33 ff.
15. 引自《抑制、症状和焦虑》。
16. 贝尔塔·博恩斯坦因(Berta Bornstein)报告了一个七岁男孩的幻想,在幻想中好动物以类似的方式变成了邪恶的动物。每天晚上,孩子都会把他的玩具动物像守护神一样放在他的床上,但他想象在夜里,它们会联合一个想要攻击他的怪物朝他扑过来。
17. 我们在这里提到了"有帮助的动物的主题",它出现在神话中,并且被精神分析作家不时地讨论,但迄今为止,从其他角度来看,都没有超过我们现在所讨论的。同时参见奥托·兰克(Otto Rank),《英雄诞生的神话》(1909年,第88页)。
18. 爱丽丝·霍奇森·伯内特的《小勋爵》。
19. 安妮·约翰斯顿的《小上校》。
20. 我要提醒我的读者,最近几位作家讨论了否认与精神疾病和人格形成之间的关系。Helene Deutsch(1933)在慢性轻度躁狂的起源中处理了这一防御过程的意义。Bertram D. Lewin(1932)描述了这一机制是如何被轻度狂躁的病人所利用的。Anny Angel(1934)指出了否认与乐观之间的联系。
21. 同时参见 S. Rado(1933)的小女孩的"愿望小男孩"的概念,他将其描述为他们所见过的男性器官的生殖幻想。
22. 儿童游戏中扮演的角色,在"否认与行动"和"否认幻想"之间进行了一半,我不打算在这里详细分析。
23. 参见 R. Laforgues 有关自我否定的观点(对压抑概念的思考), Int. Ztschr. f. Psychoanalyse, XIV, 1928, S. 371 f.
24. Freud, Neue Folge der Vorlesungen zur Einführung in die Psychoanalyse. Ges. Sehr. Bd. XII, S. 283.
25. Ges. Schr. Bd. VI, S. 203.
26. 参照维也纳儿童分析研讨会的口头报告。
27. Über einige neurotische Medianismen bei Eifersucht, Paranoia und Homosexualität. Freud, Ges. Schr. Bd. V, S. 388.

28. l. c. Bd. V, S. 388.94.
29. 据爱德华·毕布林(Edward Bibring)的命名。
30. 参见保尔·费德恩(Paul Federn)的概念"参与性认同"和他的论述。《意象》XXII，1936。
31. 在利他主义的让渡条件和决定男性同性恋的条件之间存在着明显的相似性。这位同性恋者声称他母亲对他以前所嫉妒的弟弟的爱是属于他的。的确，他通过采用母性的态度来满足这一需求。享受母子关系的积极主动和被动的一面。很难确定，这一过程对我所描述的各种形式的利他主义让渡有多大的贡献。西拉诺和无私的年轻女教师都必须从这一机制中获得快乐，甚至在他们能够在他们的替代品的成功中获得乐趣之前。他们对给予和帮助的狂喜表明，让渡本身就是一种本能的满足。就像在与侵略者的身份认同过程中一样，被动被转化为活动，自恋的屈辱是由施主的角色相关的权力来补偿的，而消极的沮丧经历则在积极地赋予他人幸福的过程中找到补偿。

    是否存在这样一种真正的利他主义的关系，这仍然是一个悬而未决的问题，在这种关系中，一个人自己的本能满足根本就不存在，即使是在一些移置和升华的形式中。在任何情况下，可以肯定的是，投射和认同并不是获得一种态度的唯一方式，这种态度是利他主义的；例如，另一条通往相同目标的捷径就是通过各种形式的受虐狂。
32. Freud：Drei Abhandlungen zur Sexualtheorie. -Ernest Jones：Einige Probleme des jugendlichen Alters, Imago, IX, 1923, S. 145 ff. -S. Bernfeld：Über eine typische Form der männlichen Pubertät, ibid., S. 169 ff.
33. 超现代教育方法可能被描述为，试图让外部世界能够为孩子所"测量"。
34. 布达佩斯的玛吉特·杜博维茨(Margit Dubovitz)的观点是，青少年对生活和死亡的意义的倾向反映了他们自己的精神上的破坏性活动。
35. Helene Deutsch, Ober einen Typus der Pseudoaffektivität(》Als ob《). Int. Ztschr. f. Psychoanalyse, XX, 1934, S. 323 ff.